图 6-9　抢修热点图

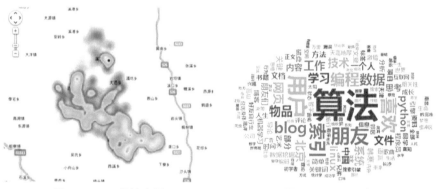

图 6-11　工单热力图

图 7-3　词云示例图

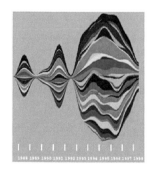

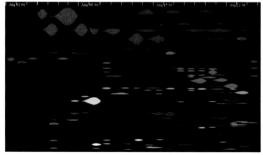

图 7-4　事件河流图

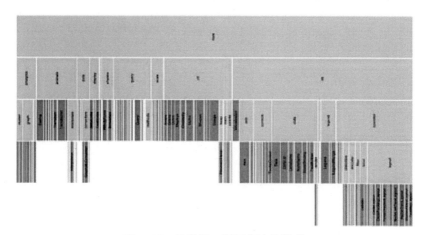

图 7-10 冰柱图 – 基于层次的技术

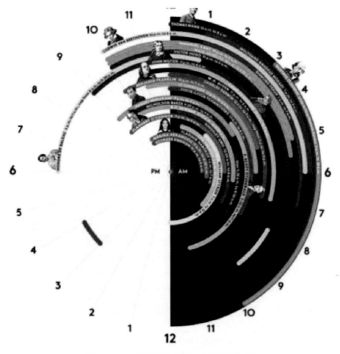

图 7-11 圆环分段技术可视化图

电网大数据处理技术

张旭东　黄建平　钱仲文　方红　等编

机 械 工 业 出 版 社

本书以电网大数据标准化为主线，以电网大数据全生命周期管理过程为载体，重点阐述了电网大数据全生命周期管理的大数据处理技术，包括电网大数据采集技术、电网大数据存储技术、电网大数据融合技术、电网大数据分析与挖掘技术、电网大数据可视化技术、电网大数据归档与销毁技术以及电网大数据安全与隐私保护等内容。全书在介绍技术的同时，辅以大量的应用案例，以体现大数据的各种理论、技术和方法在电力行业所取得的成果。

本书可作为电网技术相关人员的参考书。

图书在版编目（CIP）数据

电网大数据处理技术/张旭东等编 .—北京：机械工业出版社，2020. 10 (2021. 11重印)
ISBN 978-7-111-67136-7

Ⅰ.①电… Ⅱ.①张… Ⅲ.①数据处理 – 应用 – 电网 Ⅳ.①TM727 – 39

中国版本图书馆 CIP 数据核字（2020）第 260180 号

机械工业出版社（北京市百万庄大街22号 邮政编码100037）
策划编辑：汤 嘉 责任编辑：汤 嘉
责任校对：潘 蕊 封面设计：张 静
责任印制：单爱军
北京虎彩文化传播有限公司印刷
2021 年 11 月第 1 版第 2 次印刷
148mm×210mm·4. 375 印张·1 插页·123 千字
标准书号：ISBN 978-7-111-67136-7
定价：39. 00 元

电话服务 网络服务
客服电话：010 – 88361066 机 工 官 网：www. cmpbook. com
　　　　　010 – 88379833 机 工 官 博：weibo. com/cmp1952
　　　　　010 – 68326294 金 书 网：www. golden – book. com
封底无防伪标均为盗版 机工教育服务网：www. cmpedu. com

前　言

随着智能电网发展进程的不断推进，电网规模和数据采集终端数量不断增大，电网大数据呈现出爆炸式的增长态势，能否高效处理这些电网数据已成为电力行业面临的巨大挑战之一。电网大数据涉及电力生产和电力服务的各个环节，形成了多源、异构、多维、多形式的电力数据资源，这些多源异构数据的融合是实现电网大数据价值挖掘的基础。

本书以电网大数据全生命周期管理过程为研究对象，从分析电网大数据的特征入手，以数据质量为重点，以数据标准化为主线，对电网大数据全生命周期管理中各个阶段所采用的核心技术进行了梳理，总结出目前电网大数据全生命周期管理中所存在的问题，从技术的角度提出适合智能电网数据信息处理的整体框架，形成一套具有统一的数据标准化方法和高数据质量的、支撑大数据全生命周期过程的核心技术体系。

全书共9章，其中第1章主要介绍了国家大数据和国家电网大数据背景、国家大数据和国家电网大数据发展战略及能源行业的数字化革命，并在此基础上阐述了本书的研究意义及主要研究内容；第2章介绍电网大数据全生命周期管理体系；第3~9章分别介绍电网大数据采集技术、电网大数据存储技术、电网大数据融合技术、电网大数据分析与挖掘技术、电网大数据可视化技术、电网大数据归档与销毁技术及电网大数据安全与隐私保护技术。

在编写过程中，编者参阅了国内外的诸多专著及论文文献，在此对文献的作者们表示诚挚的谢意。由于编者水平有限，书中

的错误和不当之处在所难免，恳请读者在阅读本书后提出宝贵的
意见，以便后期改正。

编　者

2020 年 9 月

目　　录

1 第 1 章
引 言

1.1 项目背景及意义

1.1.1 国家大数据背景

2012 年奥巴马政府发布了《大数据研究和发展计划》，同年，中国政府批复了《"十二五"国家政务信息化工程建设规划》，该《规划》总投资估计几百亿元，专门有人口、法人、空间、宏观经济和文化等五大资源库的五大建设工程，标志着中国开放、共享和智能的大数据时代正式来临。

2015 年国务院正式印发《促进大数据发展行动纲要》（以下简称《纲要》），《纲要》明确指出：推动大数据发展和应用，在未来 5 至 10 年打造精准治理、多方协作的社会治理新模式；建立运行平稳、安全高效的经济运行新机制；构建以人为本、惠及全民的民生服务新体系；开启大众创业、万众创新的创新驱动新格局；培育高端智能、新兴繁荣的产业发展新生态。这标志着促进大数据发展正式上升为国家战略。

2016 年，《中华人民共和国国民经济和社会发展第十三个五年规划纲要》（以下简称《"十三五"规划纲要》）正式公布。"国家大数据战略"首次被公开提出。《"十三五"规划纲要》对"国家大数据战略"的阐释，成为各级政府在制订大数据发展规划和配套措施时的重要指导，对我国大数据领域的发展具有深远意义。

2017 年，工信部正式对外发布《大数据产业发展规划（2016—2020 年）》（以下简称《规划》）。《规划》中部署了七个方面的主要任务，包括强化大数据技术产品研发、深化工业大数据创新应用、促进行业大数据应用发展、加快大数据产业主体培育、推进大数据标准体系建设、完善大数据产业支撑体系、提升大数据安全保障能力。这使得国家大数据的政策布局逐渐得以完善。

1.1.2 国家电网大数据背景

国家电网公司作为全球最大的公用事业企业之一，向社会提供优质供电服务，是构建民生服务新体系的重要一环。如何将传统的电力营销服务与大数据技术相结合，服务国家与社会经济发展、服务公司生产经营、服务新业务发展，成为国家电网公司在"互联网 +"时代积极推动的一项重点工作。

2015 年，国家电网公司发布《国家电网公司大数据应用指导意见》，明确到 2020 年全面建成公司两级统一的移动应用支撑平台，为公司各单位信息内外网移动应用提供开发、运行和管理云服务；实现移动互联技术在信息内网移动作业和信息外网移动交互两大领域的全面应用，建成公司级移动应用商店，实现公司各业务领域移动应用统一管理；建成公司统一移动互联建设管理体系，实现移动互联建设的全生命周期管理，构建移动互联网标准规范和信息安全保障体系，提升公司移动互联支撑能力和服务水平。

2018 年，《国家电网公司关于营销大数据应用工作指导意见》出台，使得电力营销服务领域的业务创新成为国家电网公司实施大数据战略的重要突破口。

2019 年，国家电网提出"三型两网"的发展战略，即打造枢纽型、平台型、共享型企业，建设运营好"坚强智能电网，泛在电力物联网"，确立了"建设世界一流能源互联网企业"的新时代战略目标。

1.2 项目的战略意义

1.2.1 国家大数据发展战略

国家大数据战略内涵：

1. 推动大数据技术产业创新发展

瞄准世界科技前沿，集中优势资源突破大数据核心技术，加快构建自主可控的大数据产业链、价值链和生态系统。

2. 构建以数据为关键要素的数字经济

坚持以供给侧结构性改革为主线，加快发展数字经济，推动实体经济和数字经济融合发展，推动互联网、大数据、人工智能同实体经济深度融合，继续做好信息化和工业化深度融合这篇大文章，推动制造业加速向数字化、网络化、智能化发展。

3. 运用大数据提升国家治理现代化水平

建立健全大数据辅助科学决策和社会治理的机制，推进政府管理和社会治理模式创新，实现政府决策科学化、社会治理精准化、公共服务高效化。要实现这一目标，不但要重点推进政府数据本身的开放共享，还应当将各级政府的平台与社会多方数据平台进行互联与共享，并通过大数据管理工具和方法，全面提升国家治理现代化水平。

4. 用大数据促进保障和改善民生

大数据在保障和改善民生方面将大有作为。要坚持问题导向，抓住民生领域的突出矛盾和问题，强化民生服务，弥补民生短板。

5. 切实保障国家数据安全

为保障国家数据安全要加强关键信息基础设施安全保护，强化国家关键数据资源保护能力，增强数据安全预警和溯源能力。要加强政策、监管、法律的统筹协调，加快法规制度建设。目前，关键数据基础设施的公权力属性、数据的生成、数据的权属、数据的开放、数据的流通、数据的交易、数据的保护、数据的治理以及法律责任等问题，都亟须得到法律上的确认。

1.2.2 国家电网最新发展战略——"三型两网"

2019年1月17日，国家电网三届四次职代会暨2019年工作会议提出，聚焦建设世界一流能源互联网企业，守正创新、担当作为、打造枢纽型、平台型、共享型企业，建设运营好"坚强智能电网，泛在电力物联网"，即"三型两网"的发展战略。

1."三型两网"的战略内涵

"三型两网"是一个有机整体，"两网"是手段，"三型"是目标，两者是手段与目标的关系，即国家电网公司意在通过建设运营好"两网"实现向"三型"企业转型。

（1）"枢纽型"体现电网公司的产业属性。电网公司是贯通发电侧与需求侧的中枢，是能源电力行业中能量流、信息流汇集最为密集的地方，建设运营好"两网"能够为发电侧出力的远距离传输、大规模新能源并网以及需求侧用户安全用电、综合能效提高提供有效支撑，从而凸显电网公司在保障能源安全、促进能源生产和消费革命、引领能源行业转型发展方面的价值作用。

（2）"平台型"体现电网公司的网络属性。未来的国家电网是具有全球竞争力的世界一流能源互联网企业，将以"坚强智能电网"和"泛在电力物联网"为支撑，汇聚各类资源，促进供需对接、要素重组、融通创新，打造能源配置平台、综合服务平台和新业务、新业态、新模式发展平台，使平台价值开发成为培育电网公司核心竞争优势的重要途径。

（3）"共享型"体现电网公司的社会属性。通过建设运营好坚强智能电网和泛在电力物联网，支撑电网公司与用户及其他主体的信息互动、技术交流与业务合作，共同打造共建共治共赢的能源互联网生态圈，实现电网公司与用户及其他主体的数据共享、成果共享与价值共享。

建设"坚强智能电网"的着力点是在供给侧，支持能源供给侧结构性改革。通过特高压骨干网架进行电力的大规模、长距离稳定输送，解决三北、西南的风、光、水清洁能源消纳问题；通过智能配电网支撑间歇性分布式电源的有效并网，解决分布式电源协调利用困难问题。以上两种方式将是我国当前乃至未来一段时间内主要的电力资源优化配置手段。

建设"泛在电力物联网"的着力点是在系统"源—网—荷—储"各环节末梢，支撑数据采集和具体业务开展。通过广泛应用大数据、云计算、物联网、移动互联、人工智能、区块链、边缘计算等信息技术和智能技术，汇集各方面资源，为规划建设、生产运行、经营管理、综合服务、新业务新模式发展、企业生态环境构建等各方面，提供充足有效的信息和数据支撑。

2. "三型两网"的实现路径

（1）守正坚强智能电网建设运营，创新泛在电力物联网技术体系与业务模式

一是顶层设计与业务布局并重。做好智能电网规划，打造以特高压为骨干网络，智能配电网为毛细血管，各级电网协同发展的坚强智能电网发展规划；尽快落实泛在电力物联网规划，大规模部署电网、需求侧信息采集终端，实现对整个电网及用户侧设备运行信息、故障信息、设备信息的全面感知，建成泛在电力物联网。统筹兼顾新时期综合能源服务业务布局，顺应智能电网和泛在电力物联网发展路径，提前布局服务业务版图，设计相应的商业模式和价值回收途径，以提升企业经营效益。

二是基础建设与技术创新同步。保证特高压基础设施建设及技术创新，按规划建设特高压基础设施，并加强直流特高压等关键技术设备的攻关研发和部署应用。加强智能配电网结构优化，按规划建设智能配电网基础设施，并加强主动配电网分析与协调控制、直流配电网、弹性配电网等关键技术设备的攻关研发和部署应用。推进云大物移智技术在电力领域的创新应用，在电力系统发、输、配、储、用各环节、各设备乃至各元件安装编码标识与信息采集终端，建设电力信息传输网络、基站、数据中心等基础设施建设。

（2）担当企业社会责任，作为电力体制改革和供给侧结构性改革的先锋

电网大数据处理技术

　　一是着力推动能源电力行业的体制机制改革。践行国有企业改革要求，探索电网公司内部市场化运营机制建设路径，以市场化运营的手段加速对行业发展、企业成长有利的新技术应用和新业态发展。推动电力体制改革，建设建成竞争充分、开放有序、健康发展的市场体系，以市场化竞争的手段淘汰守旧经营理念和低效生产技术。支撑能源消费革命与供给侧结构性改革，为云大物移智技术在需求侧、发电侧及电网侧的部署应用提供良好的政策环境。

　　二是搭建共享平台，实现企业价值共享。打造数据共享平台，开展信息共享服务，通过泛在电力物联网全面搜集系统运行信息和用户用能信息，在保障用户隐私的前提下，向用户自身、科研机构、政府部门及其他主体共享相关数据和信息，支撑用户用能行为优化、科研工作开展、政府监督管理，最大化发挥数据价值。打造学术交流平台，开展技术共享服务，利用电网公司在智能电网、泛在电力物联网技术装备领域的优势，建设高端学术交流平台，与国内外能源电力企业、高校、科研机构开展学术交流与合作，实现技术交流与共享，共同促进坚强智能电网和泛在电力物联网的发展。打造业务融合平台，开展价值共享服务，在智能电网、泛在电力物联网建设领域，创新业务模式，以 PPP、BOT、BT 等模式引入其他主体、资本，共同开展综合能源服务相关业务，以推动其快速、有效落地，实现价值共享。

　　（3）提升综合能源服务水平，建设世界一流能源互联网企业

　　一是以点到面，提升综合能源服务水平。突破企业管理桎梏，勇于创新综合能源服务商业模式，强化泛在电力物联网等相关技术的推广应用，为客户提供定制化的综合能源解决方案。选取典型区域，打造综合能源服务试点示范，广泛应用泛在电力物联网相关技术，建设一批规模较大、效益良好、技术先进的综合能源服务示范项目，形成具有可推广的经验、模式。重视营销、主动出击，积极开拓综合能源服务市场，做好市场营销服务，紧盯优质园区、用户，利用已有试点示范经验和企业经营优势，积极开拓综合能源服务市场。

　　二是理论与实践结合，推动综合能源系统落地。围绕"两高三低"目标，开展综合能源系统仿真。综合能源系统仿真是推动综合能

源系统落地的重要基础性理论研究工作，仿真功能模块应该涉及综合能源系统的规划方案验证、运行计划优化、市场交易模拟以及综合效益评估等四个方面，高校、科研机构作为理论研究的中坚力量，应重点开展相关研究工作，例如华北电力大学拥有全国唯一的综合能源系统仿真平台，旨在以理论仿真指导实际项目落地。进一步推进综合能源系统试点示范，选取典型区域，利用先进的物理信息技术和创新管理模式，落实投资/运营权限，建立统一的市场价值衡量标准，以及价值的转换媒介，形成试点示范经验。

三是打造能源流与信息流融合的综合能源系统——能源互联网。将智能电网技术、泛在电力物联网技术广泛应用于综合能源系统建设，通过互联网技术、先进控制技术等技术手段逐步消除各类能源网络之间的隔离性以及能源供应体系中的供需界限，构建以系统扁平化、设备智能化、能量互补化、供需分散化、数据透明化、信息对称化、交易自由化为主要特征，最终能够实现个性化能源定制，从而提高用户用能体验的清洁性和高效性。

1.2.3 能源行业的数字化革命

全球人口增长和人们对生活质量的追求，导致能源需求不断增长。目前，煤炭、石油和天然气等化石燃料仍是人类主要的能源来源。面对这些有限的资源，能源供求体系的各个环节不仅需要加强技术应用，提高生产效率和利用效率，还要考虑对环境的保护。

前两次工业革命是在煤炭、石油等能源供给的驱动下推进的。新能源决定了新事业的发展，能源行业的技术创新将推动下一次工业革命的进程。分布式能源的广泛兴起以及多种方式的能源效率提升，使得对煤炭和石油等传统能源的依赖需求降低。

据 2019 年调查，72% 的能源企业已经更新了老旧的 IT 应用，剩下的 28% 计划在未来一年内完成这项工作。由此可见，能源行业是技术投资最活跃的行业之一。以电力行业为例，许多国家和地区在不断推进电力系统转型，其程度不亚于一场技术革命。数字化的智能电网实现了更高效的电力输送，在尼日利亚，智慧电网减少了 30% 的线路损耗，这不仅带来显著的经济效益，更造福千家万户，创造出巨大的社会效益。

如今，越来越多的分布式发电设施向电网输送电力，但因信息传输不及时易出现电力供需失衡问题，并有可能损害接入电网的电气设备。而智能电网正是解决这些难题的应时良方。应用 ICT（Information Communication Technology）技术进行数字化转型，可确保智能电网将多种能源供应者与带有储能单元的可调节电力消费设施相结合，维持电网稳定性。也可以说，未来智能电网的发展将呈现出电网数据全共享、通信网络全敏捷、智能终端全联接的趋势。

能源行业转型已经走到十字路口，面临着资源紧张、效率低下、区域发展不均和环境污染等严峻挑战。为应对这些挑战，美国著名经济学家杰里米·里夫金在《第三次工业革命》中提出能源互联网的概念："我们需要创建一个能源互联网，让亿万人能够在自己的家中、办公室和工厂里生产绿色可再生能源。多余的能源可以与他人分享，就像我们现在在网络上分享信息一样"。

能源互联网的核心是以"全联接"来重构能源企业的思维模式，在消费者与能源企业之间、能源业与电网之间、消费者与电网之间、以及服务企业与消费者之间都是全联接的。同时，全球能源互联网的本质是清洁能源的接入、特高压网络的输送和智能电网建设。因此基于电力互联网、电力通信网和电力云的基础平台协同至关重要。

1.3　研究意义及主要研究内容

1.3.1　研究意义

随着配电网规模和数据采集终端数量的增大，数据规模呈现出爆炸式增长态势，能否高效地处理这些电网数据，已经成为电力部门面临的巨大挑战之一。电力数据涉及电力生产和电力服务的各个环节，从发电、输电、变电、配电、用电、到调度，每个环节都会产生海量数据，如电厂发电过程中的能源基准参数，电能生产、运行监控和设备检修等数据，电力企业运行中的用户资料、电力市场等信息，配电公司管理中的人才物资、协同办公、资本运作等数据，这些数据共同构成了多源、异构、多维、多形式的电力数据资源，而异构数据的融合是实现电力大数据的基础。

本书以电网大数据全生命周期管理全过程为基本研究对象，从分析电网大数据特征入手，以数据质量为重点，以数据标准化为主线，对电网大数据全生命周期管理中各个阶段所采用的核心技术进行梳理，总结出目前电网大数据全生命周期管理中所存在的问题，从技术的角度提出适合智能电网数据信息处理的整体框架，形成一套具有统一数据标准化方法的、高数据质量的、支撑大数据全生命周期过程的核心技术体系，以期望在以下 4 个方面产生一定的影响。

（1）构建电网大数据全生命周期管理技术体系，以技术创新为手段，优化周期管理中的各个环节，最大限度挖掘电网大数据价值，为多元信息融合的服务平台的建设打下基础。

（2）通过数据标准化的方法，夯实电力数据基础，构建满足电力大数据应用的数据资源管理体系，加快数据匹配和业务融合，实现数据资源的互联互通。

（3）深化信息技术、自动控制和人工智能技术融合应用，推进电力行业数据应用的开展；探索大数据分析技术在电网规划、运维检修、电力交易中的应用，强化数据支撑，提升公司运营管理水平。

（4）分析电网数据资产管理安全现状，探讨包含制度管理、权限管理、数据安全分级及控制策略等在内的数据资产安全管理体系，保障电网数据资产安全，为实现国家电网"打破数据壁垒，挖掘数据潜力"的需求打下基础。

1.3.2　主要研究内容

本书以电网大数据标准化为主线，以电网大数据全生命周期管理全过程为研究对象，主要研究如下两个方面的内容：

1. 研究大数据全生命周期管理的核心技术及体系构建

面对大数据时代的到来，对数据从计划、获取、存储、共享、维护、应用、消亡全生命周期的每个阶段里，都需要相应的核心技术支撑，以完成对各类数据进行识别、度量、监控、预警等一系列管理活动。本项目研究大数据全生命周期管理体系的架构下大数据相关的核心技术，主要包括大数据采集与预处理、大数据存储与迁移、大数据挖掘与分析、大数据可视化、大数据归档及销毁与大数据安全与隐私保护等方面的技术。

（1）大数据采集与预处理：数据采集是大数据生命周期的第一个环节，它通过 RFID 射频数据、传感器数据、社交网络数据、移动互联网数据等方式获得各种类型的结构化、半结构化及非结构化的海量数据。由于可能有成千上万的用户同时进行访问和操作，因此，必须采用专门针对大数据的采集方法，其主要包括以下三种：数据库采集、网络数据采集、文件采集。

数据的世界是庞大而复杂的，其中也会有残缺的、有虚假的、有过时的。想要获得高质量的分析挖掘结果，就必须在数据准备阶段提高数据的质量。大数据预处理可以对采集到的原始数据进行清洗、填补、平滑、合并、规格化以及检查一致性等，将那些杂乱无章的数据转化为相对单一且便于处理的构型，为后期的数据分析奠定基础。数据预处理主要包括：数据清理、数据集成、数据转换以及数据规约四大部分。

（2）大数据存储：大数据存储与管理要用存储器把采集到的数据存储起来，建立相应的数据库，以便管理和调用。大数据存储技术路线最典型的共有三种：MPP 架构的新型数据库集群、基于 Hadoop 的技术扩展和封装、大数据一体机。依据数据结构不同，将数据分为结构化数据、半结构化数据和非结构化数据，三种结构对应了不同的存储技术和数据库。

（3）大数据分析与挖掘：大数据分析与挖掘是把隐藏在一大批看起来杂乱无章的数据中的信息集中起来，进行萃取、提炼，以找出潜在有用的信息和所研究对象的内在规律的过程。主要从可视化分析、数据挖掘算法、预测性分析、语义引擎以及数据管理五大方面进行着重分析。

（4）大数据可视化：大数据可视化是将大数据分析结果以清晰明了的图形、图表方式展示的技术。电网大数据可视化主要对统计数据、决策数据、监控数据和全景数据进行可视化。统计数据可视化主要展现公司各部门业务的简单统计数据，如每季度的电量销售情况等；决策数据可视化主要展示经大数据分析后的计算结果，比如预测未来一段时间的电网负荷趋势等；监控数据可视化主要是实时以大屏形式展示电网系统的运行状态，如显示是否有异常断电等；全景数据可视化主要展示电力系统、设施的全景分布与运行状况，如显示全省所有变电站运行情况等。

（5）大数据归档与销毁：数据归档是将不再经常使用的数据移到一个单独的存储设备来进行长期保存的过程。数据存档由旧的数据组成，但它是以后参考所必需且很重要的数据，其数据必须遵从规则来保存。数据存档具有索引和搜索功能，这样文件可以很容易被找到。

随着时间的推移，部分数据可能已经失去了使用和保存价值，为了节省存储成本和归档要求，应该按照公司相关规定对待销毁数据进行彻底销毁。数据销毁是指将存储介质中的数据彻底删除，必要时销毁存储介质，避免非法分子利用存储介质中的残留的数据信息恢复原始数据信息，从而达到保护敏感数据的目的。

（6）数据安全与隐私保护：随着信息技术在电力领域的深入应用以及智能电网开放性的增加，电力设备、电力用户信息及隐私都面临着安全隐患。针对智能电网的安全问题，包括物理、网络、信息安全及备份恢复等部分的安全保护，通过技术手段配置安全措施；针对电网用户信息隐私保护，通过数据库加密及脱敏技术进行隐私防护。

2. 研究大数据全生命周期管理的数据标准化技术与数据质量问题

在大数据全生命周期管理的所有阶段，企业须按照业务需求进行存储、保护数据，以及提供数据访问，需要研究大数据全生命周期管理的数据标准化技术，具体包括数据标准化、数据完整性、数据质量等方面内容。

数据从计划、获取、存储、共享、维护、应用、消亡全生命周期的每个阶段里可能引发的各类数据质量问题，在数据全生命周期的每一阶段，采用对应的数据质量管理手段，保证数据质量，以进行识别、度量、监控、预警等一系列管理活动，改善和提高数据质量。本书基于影响数据质量四方面的因素：信息、技术、流程和管理，以数据标准化为主线，从技术和管理层面研究数据质量问题。

2

第 2 章
电网大数据全生命周期管理体系

　　随着智能电网建设进程的不断推进，促进了电力各部门、用电企业、个人用户等不同群体的交互，特别是智能电力设备和终端的使用产生了海量的"电网"大数据。这些海量数据具有不同的价值密度和隐含知识，如何在不同数据存储周期内对数据进行高效管理以及如何选择合适的管理技术是整个电力行业必须思考和解决的难题之一。本章主要介绍电网大数据全生命周期管理建设原则与目标，重点从电网大数据全生命周期管理的顶层设计出发，结合公司业务实际需求，对电网大数据全生命周期管理框架进行设计，以数据管理框架为基础，探究在数据全生命周期管理内可能遇到的问题并提供相应的解决方案。

2.1 数据全生命周期管理的内涵

2.1.1 数据资产类别

　　数据资产是指被企业拥有和控制，能为企业带来价值的数据。数据资产管理是为了提升企业对数据的运用和价值挖掘能力而进行的一系列活动，解决如何提升数据质量，如何快速识别数据，如何高效、便捷地利用数据，进而为企业带来更多价值的问题。

　　数据资产包括主数据、业务数据和元数据，是数据资产管理的对象。主数据是用于定义业务实体，并且在企业范围内跨业务重用和共享的数据，如物料、设备、财务科目等。业务数据指围绕业务实体发生的企业经营活动相关的数据，比如物料采购相关的采购申请数据、采购订单数据、入库记录数据等。元数据指描述主数据和业务数据的数据库表（表结构及其业务含义）、表间关系及运行信息。主数据、业务数据和元数据的关系示例如图 2-1 所示。

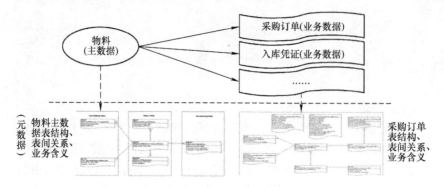

图 2-1　电网大数据资产类别关系图

数据资产管理在大数据技术体系中介于应用和底层平台之间，主要包括两个重要方面：一是数据资产管理的核心活动职能，二是确保这些活动职能落地实施的保障措施，包括组织架构、制度体系。数据资产管理在大数据应用体系中，处于承上启下的重要地位。对上支持以价值挖掘为导向的数据应用开发，对下依托大数据平台实现数据全生命周期的管理。

2.1.2　数据资产管理内容

目前，数据资产管理已经形成了一套科学的管理范畴。根据 DAMA 等机构的总结，数据资产管理主要包含 9 个活动职能和 2 个保障措施，如图 2-2 所示。9 个活动职能指的是数据标准管理、数据模型管理、元数据管理、主数据管理、数据质量管理、数据生命周期管理、数据安全管理、数据资产价值评估和数据资产运营流通，2 个保障措施包括组织架构和制度体系。

数据资产管理工作以主数据管理、元数据管理、数据质量管理和数据运营管理为核心，以数据资产管理组织架构为运作载体，以数据资产管理规章制度为保障，依托企业级数据中心建设，通过必要的信

图 2-2　数据资产管理体系架构

息化支撑手段，实现数据资产的规范化、标准化、可视化管理，如图 2-3 所示。

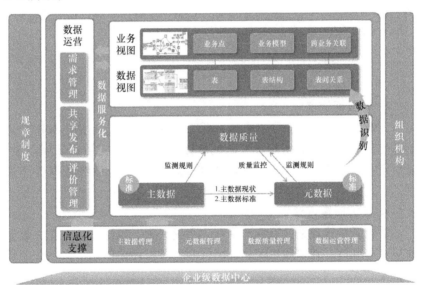

图 2-3　数据资产管理实施架构

1. 主数据管理

主数据是跨业务、跨系统融合的重要业务基础数据。主数据管理是各系统间共享的重要业务基础数据。主数据管理作为数据管理的高级形式，通过建立企业级主数据管理体系、主数据标准，实现主数据的共享与同步，满足跨业务数据融合的需求。主数据管理是指一整套的用于生成和维护企业主数据的规范、技术和方案，以保证主数据的完整性、一致性和准确性。主数据管理架构如图 2-4 所示。

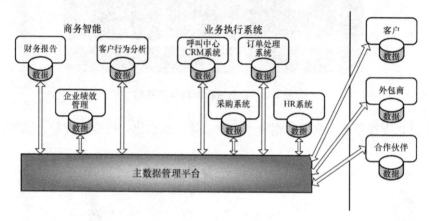

图 2-4　主数据管理架构

2. 元数据管理

元数据管理是数据资产管理各项工作的主要核心，是主数据管理的基础组成，也是数据标准实施的载体。通过梳理元数据管理对象、建立企业级元数据管理体系和元数据标准，构建企业级数据资产视图，实现由业务到数据的贯穿。

3. 数据质量管理

数据质量管理是数据资产管理的质量保障，通过建立企业级数据质量管理规范、数据质量闭环管控机制和考核评估体系，保障数据资产价值变现。

4. 数据运营管理

数据运营管理是数据资产管理的对外窗口，通过规范数据需求管理、服务共享发布和服务质量评估，促进数据资产流动，激活数据资产价值。

5. 规章制度

规章制度建设是数据资产管理的管理保障，通过建立企业级数据资产管理制度保障体系，推动数据资产管理工作规范化、常态化的开展。

6. 组织机构

组织机构建设是数据资产管理的组织保障，通过公司主要领导挂帅，挑选技术过硬、业务精通的业务骨干，组建实体化的企业级数据资产管理组织，支撑数据资产管理工作常态化运转。

7. 信息化支撑

信息化建设是数据资产管理的技术支撑，必要的数据资产管理辅助支撑功能或平台，是数据资产管理工作顺利高效、精准开展的保障。

2.2　电网大数据全生命周期管理现状

1. 数据现状

（1）数据质量低，管控能力差：数据质量的高低，数据管控能力的强弱直接影响了数据分析的准确性和实时性。目前，电力行业数据在可获取的颗粒程度，数据获取的及时性、完整性、一致性等方面的表现均不尽如人意，数据源的唯一性、及时性和准确性亟须提升，部分数据尚需手动输入，采集效率和准确度还有所欠缺，完整的数据管控策略，组织以及管控流程还需进一步完善。

（2）数据共享不畅，集成程度欠缺：基于大数据技术的本质是从关联复杂的数据中挖掘有用信息，提升数据价值。反应业务、类型的数据即使体量再大，如缺乏共享集成，其价值就会大打折扣。目前电力行业缺乏行业层面的数据模型定义与主数据管理标准，各单位数据口径不一致。行业中存在较为严重的数据壁垒，业务链条间也尚未实现充分的数据共享，数据重复存储且不一致的现象较为突出。

（3）防御能力不足，安全威胁严重：由于电力设施是国家关键基础设施的重要组成部分，是保障人民日常生活和工业生产的源泉，同时，电网大数据还涉及用户的隐私，对信息安全也提出了更高的要求。电力企业地域覆盖范围极广，各单位防护体系建设不平衡，信息安全水平不一致，特别是偏远地区单位防护体系尚未全面建立，安全性有待提高。行业中企业的安全防护手段和关键防护措施也需要进一步加强，因此需要从目前的被动防御向多层次、主动防御转变。

（4）承载能力不足，基础设施不完善：电力数据存储时间限制以及海量电力数据的爆发式增长对 IT 基础设施提出了更高的要求。目前虽然大多数电力企业已经建成了一体化企业级信息集成平台，能够基本满足日常业务的处理要求，但其信息网络传输能力、数据存储能力、数据处理能力、数据交换能力和数据展现能力都无法满足电网大数据的要求，尚需进一步加强。

2. 技术现状

在电网大数据处理技术方面，目前电力行业虽然开展了一些探索研究工作，但仍处于起步阶段，其技术短板如下：

（1）数据质量差，数据统一接入能力有限，缺乏有效的集成融合方法。

（2）数据体量大，现有的大数据平台存储容量和处理能力有限，不能有效满足海量数据的实时存储、分布式存储、多类型存储及快速检索查询等操作。

（3）在线计算能力有限：数据中心对于大数量、高频度业务数据的运算与分析的能力不足，目前还存在较大部分的指标监测数据是由各专业系统计算完成后再统一对外提供，跨专业跨平台数据的在线计算能力较弱、业务明细穿透溯源能力欠缺。例如：运营监测指标数据较多不能进行追溯，无法查看支撑该指标结果信息的明细层数据，导致用户难以穿透以对具体业务数据进行详细分析、系统分析。

（4）分析挖掘能力欠缺：目前行业以小批量、小范围、单一结构为主的数据处理分析为主，分析方法较为简单，在数据价值挖掘分析上效果还不明显，基于海量、全范围、多类型数据的处理与分析能力不足，难以支撑大规模海量数据的实时同步、实时存储、实时处理、实时共享和实时反馈，难以快速地从海量、多样和异构的数据中发现隐藏的有价值的信息。

（5）非结构化数据处理能力不足：随着语言服务、视频监控等新兴技术的不断普及，运营中心积累了大量音频、视频等非结构化数据，这些非结构化数据隐含着大量的用户行为、用户满意度等重要信息。在运营监测（控）中心视频监控、频繁停电等专题监测过程中，存在大量非结构化的数据资产可用于丰富运营监测工作，但是由于目前电网大数据分析与挖掘技术处于试点研究阶段，未进行相关应用的推广，因此非结构化数据利用率低，难以实现价值。

（6）可视化展现支持能力不足，缺乏可灵活配置、表现方式多样、直观高效的可视化展现技术，展示组件需要借助专业技术人员运用复杂的编程实现，缺乏统一的展示场景管理和维护。

3. 应用现状

（1）对大数据挖掘的研究主要集中在平台技术等方面，针对数据挖掘分析应用较少。

（2）主要以业务指标、专业细分的非实时性业务监测分析为主，基于明细数据、跨专业的宏观性和实时性的监测分析正在逐渐增多。

（3）主要以简单的数据统计方法开展监测分析，对基于聚类、关联和回归等复杂的数据分析挖掘算法的应用较少。

（4）指标在线监测基本实现，但分析工作主要靠离线开展，对数据价值的挖掘以 Excel、Tableau 等初级数据分析工具应用为主，SAS、SPSS、MATLAB 等专业数据挖掘分析工具的应用较少。

（5）主要通过下发异动工单的形式处理监测分析发现的异动，基层单位手工反馈原因和整改情况，缺乏系统性分层分级的协调控制机制，不利于专业普遍性问题或跨专业问题的解决。

2.3　电网大数据全生命周期管理建设原则与目标

2.3.1　电网大数据全生命周期管理建设原则

数据生命周期是信息现代化建设蓝图中不可或缺的重要组成部

分，它与信息系统的生命周期紧密相连，又有本质的区别，信息系统是生产和制造数据的平台，数据依托信息系统应运而生，经历数据创建、保护、访问、迁移、归档、销毁等过程，它有可能在信息系统的生命周期内经历多个阶段，但也有可能在信息系统剩余的生命周期结束时，依然需要长期保存，比如涉及资金、客户类的数据，它们是会计档案的一种凭证，不能在信息系统停止使用后被销毁。因此，在对数据生命周期进行规划时，一定要认清数据代表的业务本质，参照外部监管规定和内部管理要求，与业务需求和新系统建设同步规划，形成不同信息系统的数据生命周期管理策略。

通过完整的数据生命周期管理解决方案，可以让不同价值及不同访问频率的数据存放在适合的存储设备上，采用适当的技术措施对这些数据进行处理和利用。这样，用户可以提高现有数据存储的利用率，同时利用自动化的数据管理技术实现数据的自动管理和自动迁移，提高 IT 投资性价比，减少公司的 IT 投入成本，满足电网各项业务的数据保管和外部监管部门的法规要求。

为加强数据管理，提高数据使用质量，公司成立运监中心，主要负责数据全生命周期管理阶段的各项事务，其基本原则包含以下三个方面：

1. 信息整合，互通互联

统筹规划各部门各种业务数据在创建、保护、访问、迁移、归档、销毁的规范性，特别是对涉及多个部门需要共享的数据制定统一的采集与存储标准，根据访问频次和数据的重要程度，实现数据分级存储。同时，制定规范的数据访问集成和访问策略，保证公司内部数据能够高效整合，使公司各部门相关数据能够互通互用。

2. 实时感知，动态跟踪

依靠海量的业务数据，利用大数据分析技术对各业务的实时运行情况进行动态跟踪，实时感知电网系统的运行状态是否存在异常，并能够根据当前数据和状态，预测短时间内系统的运行状态和可能存在的风险。

3. 智能分析，科学管理

融合多个部门多种业务数据，通过关联规则挖掘分析各业务之间的相关关系，协同业务链条式交互发展；以数据分析为依据，检测各部门的运营情况是否合理，对不合理的业务流程给予规范化修改意见；通过集成多部门业务数据，深入挖掘潜在的业务模式和商业价值。

2.3.2 电网大数据全生命周期管理目标

运监中心是数据资产管理的归口部门，负责数据资产的统一规范管理，组织制定公司数据资产发展战略，审核专业数据资产发展规划，组织大数据挖掘和大数据关键技术研究，其主要目标可以概括为以下 5 个方面：

1. 用数据感知

指数感知：各部门依据各自业务的重要程度和安全等级，制定合理的评估指数，利用大数据分析技术，实时计算业务阈值指数，如果监控指数超过警戒阈值，则向运监中心发出警报，以便及时处理电网中存在的不安全因素。

态势感知：电网态势感知主要是依据海量数据分析，来准确了解与掌握电网的安全态势和短期的状态转变趋势，从而采取科学的方式进行管理，以提高电网运行的安全等级。电网态势感知是掌握电网运行轨迹的关键技术，了解电网的实际运行状况，一旦电网运行中发生故障等不良现象，能够第一时间采取有效措施加以应对。

画像感知：通过搜集的内、外部数据，经过数据融合后可以从中提取出用户画像、企业画像、设备画像等，这些画像可以用于精细化的业务处理，比如根据企业画像，可以了解相关企业的主要业务，用电需求及特点，针对不同的需求和特点进行精准业务推荐。

2. 用数据说话

数据是公司运营的主要资产之一，是业务运行的直接产物，也是各项业务的真实写照。通过对各业务部门的历史数据进行统计分析，可以了解一个部门的实际运营情况。通过对业务运行流程的监控，能够发现业务执行过程中存在的问题，所有的论断都应该归结到数据分析的结果上，让数据成为评判的标准。

3. 用数据决策

数据具有真实性和客观性的特点。与人类的主观性相比，通过大数据分析的辅助决策比人类主观决策更科学。比如，电动汽车充电桩建设，结合交管部门的电动汽车行驶轨迹和某片区的电动汽车分布，可以通过数据分析给充电桩建设选址提供辅助决策支持，这样可以大大减少由于人为的主观性带来的误差。

4. 用数据管理

结合多个部门相关的业务数据，联动分析某些业务执行流程存在的弊端，提出整改意见，优化业务流程，通过集成多部门业务数据分析实现对人员、设备、业务流程和系统的智能精细化管理。实现电力行业以数据为依据，以分析挖掘为手段的智能管理。

5. 用数据创新

海量的多源数据中，往往隐藏着人类不易直接发现的知识和价值，通过数据融合与集成技术，将公司不同部门的数据融合之后，使用多种大数据处理手段对这些融合后的数据进行深入分析挖掘，可以发现更加节约成本的新模式和新业务。

2.4 电网大数据全生命周期管理体系架构

电网大数据全生命周期管理体系架构如图 2-5 所示。该体系架构

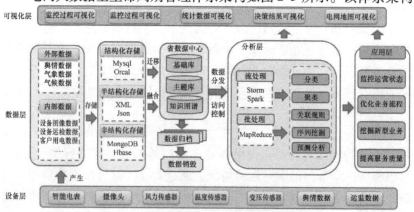

图 2-5　电网大数据全生命周期管理体系架构

主要包含了数据采集、数据存储、数据迁移、数据融合、数据分发、访问控制、数据归档、数据销毁、数据分析、数据可视化等不同周期内的数据管理工作，各周期内的主要职责描述如下：

1. 数据采集

电力系统数据不仅包括电力系统内部各类传感器、智能电表、历史运营日志等内部数据，还包括诸如气象数据、气候数据、用电舆情等外部数据。电力系统内部数据通过设定采集序列，直接使用已经部署完善的智能电表和各类传感器搜集即可。不同行业的数据接入电力系统，需要针对互通的行业规范和实际业务场景制定不同的接入策略，以便最大限度地保证数据接入的可用性和易用性。

电网数据远程采集系统是建设智能电网的物理基础，系统将计算机技术、通信及控制技术以及高级的传感技术应用相结合，从而实现数据的远程采集、完成了数据的管理，并且对数据进行统计分析，及时的发现电力数据信息中的异常，对电力用户的用电负荷进行监测和控制，提高供电公司的电力管理效率与质量。

电网数据远程采集系统由主站、通信信道、采集设备三部分组成。电网数据远程采集系统贯穿省、市、县三级单位，横向覆盖内部各业务部门、各电压等级的所有线损相关业务，利用国家电力数据通信骨干网、局域网、公共通信网、互联网连接各级部门，以 WS-Security 标准实现安全的互联互通。电网数据远程采集架构如图 2-6 所示。

从逻辑架构角度，分为采集层、通信层、数据层 3 个层次，分别承担不同的功能，主站层由基本功能、数据管理、数据采集和扩展功能组成。基本功能模块包括采集点设置、运行管理、负荷管理等基本业务；数据管理模块实现对数据的处理和存取；数据采集模块实现协议解析和采集功能的实现；扩展功能提供其他扩展应用。其中，主站系统由数据库服务器、磁盘阵列以及相关的网络设备组成，主要完成业务应用、数据采集、控制执行、前置通信调度、数据库管理等功能。通信信道用于系统主站与采集终端之间的远程数据通信。采集设备是安装在现场的终端及计量设备，负责收集和提供整个系统的原始用电信息，包括专变采集端、集中器、采集器以及智能电能表等。而

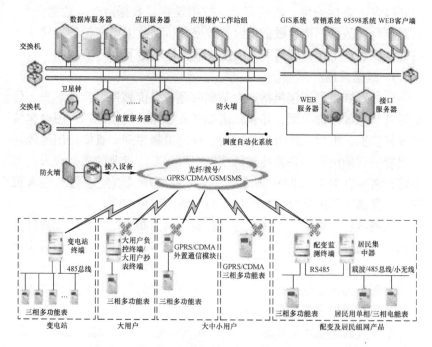

图 2-6 电网数据远程采集架构

外部用电舆情数据则需要从微博、微信公众号、博客、论坛等有关电力使用模块中进行爬取，制定一定的爬取规则和清洗规则，保证爬取到与电力高度相关的舆情数据，将这些爬取的数据与电力服务客服接收的短信、语音等作为最终的用电舆情数据。

2. 数据存储和融合

由于电力系统数据具有来源广、结构杂、体量大、信息价值不均等特点，系统从访问频度和数据结构两个层面，对数据进行合理存储。

依据访问频度不同，将数据存储分为在线存储、近线存储和离线存储三个级别，每个级别对应不同性能的存储介质，实现存储价值最大化。其中，在线存储级别存储那些核心业务最频繁访问的数据，使用性能最好的磁盘阵列进行数据存储；近线存储级别存储那些偶尔被访问的数据，使用性能稍差的磁盘进行存储；而离线存储方式主要存储那些不被访问而又不能销毁的数据，使用性能最差的光盘存储。

依据数据结构不同，将数据分为结构化数据、半结构化数据和非结构化数据，三种结构分别对应了不同的存储技术和数据库。其中，结构化数据是最好访问和管理的数据，其管理技术相对成熟，常见的结构化存储数据库有 Mysql、SQLsever、Oracle 等；半结构化数据通常使用 XML、Json 等进行存储，在 Hadoop 平台中，可以将半结构化数据以文件的形式存储在 HDFS 中；对于非结构化数据通常存储在 Hbase、MongoDB 等数据库中，若是图数据，则最好选择 Neo4j 存储。

3. 数据保护

数据安全管理问题，是我国应用大数据面临的最突出风险。虽然将海量数据集中存储，方便了数据分析和处理，但由于安全管理不当所造成的大数据丢失和损坏，则将引发毁灭性的灾难。由于新技术和新业务的发展，对隐私权的侵犯已经不再需要物理的、强制性的侵入，而是通过各类数据以更加微妙的方式广泛衍生出来，由此所引发的数据风险和隐私风险也将更为严重。而数据安全管理机制和信息监管的缺乏，导致数据所有者无法明确在信息记录的后台，有谁记录了信息，下载了数据，使从收集到生产、分析、发布等各个环节都没有数据隐私保护，电网用户的信息安全受到了极大的危害。

电网大数据来自于生产数据和运营管理数据，针对其防护应重点从数据采集与传输、存储、使用等数据全生命周期开展安全保护工作。从数据采集到数据传输的加密保护，数据存储的可用性、完整性保证，再到数据使用和恢复的准确性要求，期间应从政策制度要求到技术管控，全面评估关键数据所面临的威胁暴露面，有针对性地制定各阶段的防护策略，确保核心数据资产安全。转移数据防护重心，由"基础防护"向"精准防护"合理转变，解决价值数据安全"看不见、看不准、看不实"的问题。通过大数据安全审计技术使价值数据可视、可控，全面实现对数据库（如 Hadoop 架构下 Hbase 数据库）的各类操作行为进行安全监控，支持对各类访问接口及对各类工具组件的安全监控与防护。通过审计日志记录平台中的所有数据操作，HDFS、MapReduce、Hive、Hbase 等 hadoop 生态常用组件均可通过配置开启审计日志功能，记录用户的访问行为和管理组件的安全交互行为。

4. 数据访问管理

电网大数据包含负荷控制与管理系统、配电自动化系统、用户用电信息采集系统、营销业务管理系统等配电网内部系统数据，也包括了地理信息、社会经济、气象环境等外部相关系统数据，数据呈现出来源广、体量大、类型多、增长快等特征。如何从海量数据中快速检索到有用信息一直是大数据处理的难点，常见的访问方式可以根据不同的访问频率把数据访问分为三个管理阶段，对三个阶段分别采取不同的存储方式和访问方式。

（1）在线访问方式：在线访问方式是指通过信息系统对数据实时的采集、处理和查询，数据被频繁地使用和处理，存在临时数据、中间数据和最终数据之分，由于需要满足用户的在线实时访问，因此数据保护技术要求为最高等级，一般采用性能较高的存储介质，并采取磁盘冗余技术进行数据保护，支撑核心业务的正常开展。

（2）近线访问方式：近线访问方式的数据已经不再被频繁存储和访问，但仍需不定时访问，只是访问的频度相对降低，为使计算及存储资源最优地支撑在线业务活动，宜将访问频度相对较低的数据迁移至近线存储进行管理，从而使在线数据的处理获得最佳性能效果，近线数据一般是不能进行修改的在线数据，不再进行加工和处理，仅供查询使用。

（3）离线访问方式：离线数据是指业务人员不需要在业务经营活动中查询和使用，但因政策和制度需要长期保留，或是用于数据挖掘和知识发现需要保留，这样的数据通过备份软件从近线存储设备迁移至磁盘库或光盘库中，或通过数据交换平台传送到数据仓库中进行长期保留。

5. 数据分析与挖掘

杂乱无章的原始数据没有价值，只有经过统计、分析、挖掘，从杂乱无章的数据中发现新问题、新知识、新模式，才能表示数据具有了巨大价值。

数据分析是以数据为依据，使用统计学知识、机器学习、深度学习等技术，从数据中发现新问题、挖掘新知识、扩展新业务，为决策提供一定数据支撑的活动。公司在做决策之前可以通过数据分析，让"数据说话"，用客观数据减少人为的主观偏见。

6. 数据迁移

通过对电力业务系统中数据和应用的分析，可以发现不同的业务数据通常具有不同的使用价值。新生成的数据会经常被访问，数据使用价值高，随着时间的推移，这些新生数据的使用频率不断下降，直到多年后不被访问，这种信息的使用价值相对较低。这些大量的、低使用价值的数据占用了系统资源且严重影响了系统性能。因此，根据数据的使用价值，进行数据分级管理和数据生命周期管理，在数据的不同阶段采用不同的存储和处理技术和不同的存储和管理策略，以更加经济、可靠、有效地获取数据的最大价值，使电网公司 IT 的总体拥有成本（TCO）相对较低，按照数据的生命周期对其迁移和管理，实现各个阶段的技术成本与价值之比达到最优，节约企业的 IT 接入成本以提升系统的运行效率和客户的满意度。

数据迁移是实现节点动态扩展与弹性负载均衡的关键技术，如何降低迁移开销是必须要考虑的问题。依据不同的访问频次和业务重要程度采取不同的迁移策略。

数据管理通常分为在线管理、近线管理和离线管理三个阶段，每个阶段都匹配相应的存储策略。随着信息系统生命周期的推进，数据不断产生、处理、迁移，数据访问的频率下降，使用价值也在不断地衰减。直观地比喻而言，数据的生命指数在不断地降低，可以量化地设置 3 个阈值 α_1、α_2、α_3 分别作为数据从在线转为近线，从近线转为离线，从离线转为销毁的标志。为了定量描述数据所处的阶段及其使用价值，引进数据生命指数来准确定义数据的使用价值及所处阶段。假设 f 为数据访问频度，x 为 IT 资源的支撑度，y 为数据生命指数，其关联函数为：

$$\gamma_t = f(x_t, y_t). \tag{2.1}$$

其中，t 为时间，在数据的产生并被频繁访问时期，γ 大于等于

α_1，也就是数据处于在线阶段，在线管理的数据存储在性能最好的磁盘阵列中。随着时间的推移，x 的值会不断减小，γ 的值也随之减小。当 γ 的值减小到 α_1 时，数据从在线管理阶段进入近线管理阶段，相关数据会被迁移到性能稍差的磁盘中保存。当 γ 的值减小到 α_2 时，数据从近线管理阶段进入离线管理，相关数据会被迁移到性能更差的磁盘中保存，直到 γ 减小到 α_3 时，数据进入销毁状态。如果在一个阶段，IT 资源的能力获得提升，γ 的值同样也会受到关联影响，因此，可以考虑在函数中增加 IT 资源支撑调整因子 δ。最终，数据生命周期指数具体如下：

$$\gamma_t = f(x_t, y_t) = \min\left[1, \left(1 + \frac{x_t - x_{t-1}}{x_0}\right)(y_{t-1} + \delta_t)\right]. \tag{2.2}$$

数据迁移包括迁移计划制定、路由信息同步、用户请求转发及数据一致性管理等核心内容，数据迁移过程中伴随的大量状态同步会给系统性能带来一定影响。因此，如何降低迁移开销是需要着力解决的问题。

7. 数据归档

数据归档是将不再经常使用的数据移到一个单独的存储设备来进行长期保存的过程。数据存档由旧的数据组成，但它是以后参考所必需且很重要的数据，其数据必须遵从规则来保存。数据存档具有索引和搜索功能，这样文件可以很容易地找到。

数据归档的方式主要分为定期数据归档和不定期数据归档：

（1）定期数据归档：该类数据归档的数据对象主要针对电网企业长期积累的业务数据，由于每日数据量的不断增加，需要对该类数据进行定期的数据归档操作，使得数据归档自动化、定期化，以保证应用系统及系统资源的高效使用。

（2）不定期数据归档：该类数据归档的数据对象主要针对电网企业应用系统中数据量较大的数据，或使用非常频繁的数据，采取不定期的集中数据归档，保证对系统及应用资源的影响最小。数据归档将通过反复论证及调试，总结经验，形成一套规范，一项制度，将数据归档纳入日常运行范畴，使得数据清理自动化、定期化、定量化，成为一套完整的数据清理及归档规范制度。

数据归档体系在电网企业系统上的成功应用，不仅能够提高电网企业信息化整体技术水平，合理地规划和使用数据资源，实现电网企业不同业务平台之间的高效访问，突破大型数据库数据归档及数据管理的关键技术，逐步掌握对电网企业系统数据定期归档、硬盘管理规划、数据库性能、生产数据的流程管理技术，提高电网整体数据管理系统运行稳定性、高效性、可靠性。最终达到系统各平台应用测试及数据平滑迁移的高效性、稳定性。填补了数据归档管理信息系统与产销生产系统之间的空白，也必将给电网企业创造出更加巨大的经济效益和社会效益。

8. 数据销毁

随着时间的推移，部分数据可能已经失去了使用和保存价值，为了节省存储成本和归档要求，应该按照公司相关规定对待销毁数据进行彻底销毁。数据销毁是指将存储介质中的数据彻底删除，必要时销毁存储介质，避免不法分子利用存储介质中残留的数据信息恢复原始数据信息，从而达到保护敏感数据的目的。运监中心要求各部门需要使用公司统一的销毁工具对数据进行销毁。

9. 数据可视化

数据可视化是将大数据分析结果以清晰明了的图形、图表方式展示的技术。电网大数据可视化主要对统计数据、决策数据、监控数据和全景数据进行可视化。统计数据可视化主要展现公司各部门业务的简单统计数据，如每季度的电量销售情况等。决策数据可视化主要展示经大数据分析后的计算结果，比如预测未来一段时间的电网负荷趋势等。监控数据可视化主要是实时以大屏形式展示电网系统的运行状态是否安全，如显示是否有异常断电等；全景数据可视化主要展示电力系统、设施的全景分布与运行状况，如显示全省所有变电站的运行情况等。

2.5 基于全生命周期管理的电网大数据质量治理

数据质量治理是通过制定规范并核查等工作确保数据真实可靠、完整准确，符合企业生产经营及管控的要求。基于全生命周期管理的电网大数据质量治理以顶层设计需求为主线，以标准的数据质量规范为基石，以健全的组织机构及流程管控为制度保障，以全面监控及考评为监督手段，在数据产生、采集、存储、运算、传输、备份、恢复、修订、清理、销毁的全生命周期进行管控，搭建一个符合电力企业行业特征的动态优化的数据质量治理平台。实现数据完整、准确、及时、唯一、可比、有效、高效、安全，使之符合各业务领域的合规性要求、管理创新要求及风险管控要求，其框架设计示意图如图2-7所示。

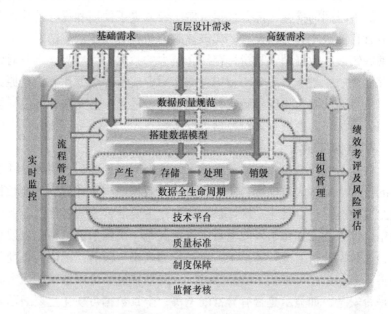

图2-7 基于全生命周期管理的电网大数据质量治理框架设计示意图

基于全生命周期管理的电网大数据质量治理具备7个要素：

1. 建立组织机构

设立数据质量治理委员会。由管理层、资深业务专家及技术专家组成，制定数据战略及总体规划，使之与企业的业务战略及 IT 战略紧密融合，有效解决业务隔离及数据隔离的问题。

2. 设立数据质量治理项目组

由业务分析人员、数据质量分析员、集成开发人员组成，制定数据质量治理流程及质量规范，收集需求、核查数据质量、制定改进方案并组织实施、执行监控及考核等。

3. 设定数据专责人

由在数据全生命周期中对数据进行操作的人员担任，执行数据质量管理制度，确保数据符合质量规范。

4. 梳理顶层设计需求

顶层设计需求：指数据使用者、数据提供者、数据处理者对数据的业务需求及技术需求，包括基础需求及高级需求。基础需求主要来源于企业日常经营的需求，体现出合法合规、真实准确的特点。如在财务信息化领域，基础需求来源于日常财务核算、财务报表及管理报表生成过程中的数据范围及其质量要求。这些数据需符合会计准则、财税法规、企业内部财务制度的要求，保证财务数据完整、及时、准确、真实，同时要求数据安全、保密、稳定、可恢复。高级需求主要来源于企业在线稽核审计、辅助决策、财务分析及经营分析、风险评估、流程监控、企业知识管理等高级管理业务对数据的需求。除上述基础要求外，高级需求应用的数据范围更加广泛，对数据集成及运算处理的要求更高，需要数据符合可比性、适用性、有效性、可解释性、客观性、专业性等业务要求以及可访问性、可衔接性、唯一性、一致性等技术要求。

5. 搭建技术平台

根据顶层设计需求的要求，本着安全快速、节约成本、统一规划的原则，依据质量规范，整改现有的或搭建新的数据仓库及数据集市，从各个业务系统采集数据，存储并进行运算，流程管控。对全领域的数据质量治理工作及数据生命周期全过程的操作实施标准流程管理，遵循高效节约的原则，确定操作节点及相关责任人，并适时根据顶层需求的动态发展修订标准流程。建立并实施包括策略及工作方案制定及修订流程、考核及风险评估流程、数据质量规范制定及修订流程、数据核查流程、数据变更流程、数据删除流程等数据质量管控标准流程。

6. 实时监控

开发并实施一套实时监控系统，采用线上全面监控及线下手工抽查的方式，对流程执行合规率及效率、数据质量达标率进行监控，及时发现流程执行缺陷并整改，必要时根据监控结果修订顶层设计需求、标准流程及质量规范。

7. 绩效考评及风险评估

设定考核指标体系，依据实时监控的结果对部门或数据责任人在数据流转全过程遵循标准流程及质量规范的达标率进行考评，在持续地考评与提升过程中培养员工的数据质量意识，形成良好的数据治理文化，不断提升数据质量。风险评估是基于实时监控的结果，进行多维度分析，进而评估各系统、系统集成、人员操作的数据质量风险等级，探查潜在的数据风险。并基于经验值，设定风险预警水平线，自动推送预警信息，提醒数据质量责任人关注并采取降低风险的措施。同时根据风险评估的结果，不断调整顶层设计需求、标准流程及质量规范，使之符合风险管控的要求。

3

第3章
电网大数据采集技术

随着智能电网的快速发展，电力系统数据量也随之快速增长。电网大数据具有产生的速率跨度大，数据源众多且交互方式繁杂，数据种类繁多等特点，给电网大数据的采集带来巨大挑战。本章首先介绍电网大数据的分类及特点，其次概括了电网大数据采集技术的研究现状，最后介绍了最新的电网异构大数据混合采集系统及平台设计思想。

3.1 电网大数据的分类及特点

1. 电网大数据的分类

根据数据来源不同，可以将电网大数据分成两大类：电网的外部数据及电网的内部数据。其中，外部数据包含：来自气象部门的气象系统数据；来自政府的社会发展数据、城市规划数据；来自网络的互联网数据；来自公共服务部门的移动通信数据、交通数据、自来水数据、煤气数据等。内部数据包含动态数据和静态数据。动态数据分为电网运行数据和电网营销数据两大类。电网运行数据分为来自 SCADA 和广域测量系统 WAMS 的遥测数据；来自各类设备监测系统的录波数据；来自电表管理系统的用电数据；来自由电网事件或运行操作引发的非同步事件数据或报警数据；来自检修部门的设备操作记录和由检修管理系统下达的操作命令数据；来自用户服务系统的音频数据；来自变电站监控系统和直升机输电线路巡检的照片和视频数据。电网营销数据是指交易电价数据、用电合同、交易计划等。静态数据是指电网资产属性、电网设备连接关系和用户资料等，静态数据也称为数据源。智能电网数据源和元数据如图3-1所示。

☐ 配电管理系统(DMS)
☐ 用电信息采集(AMI)
☐ 营销系统
☐ 地理信息系统(GIS)
☐ 生产管理系统(PMIS)
☐ 气象预报系统(WFS)
☐ 电动汽车充换电网络管理系统
☐ 能量管理系统(EMS)
☐ 广域测量系统(WAMS)
☐ ……

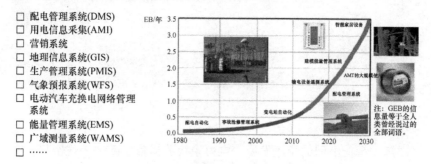

图3-1 智能电网数据源和元数据

（1）遥测数据：遥测数据分为来自传统 SCADA 系统的 RTU/FTU 数据和来自 WAMS 系统中同步测量装置的 PMU 数据。SCADA 数据一般采用召唤方式获得，采样周期大约为4s，趋势是进一步缩短。目前电力调度自动化系统中，SCADA 采样还是主要的监测数据源，线路潮流、发电机组出力、变压器潮流与抽头位置、母线电压等实时量测量均来自 SCADA 系统，因而数据量特别大。

（2）录波数据：录波数据主要是电流和电压的波形数据，通常来自电网监测设备，例如故障录波仪、电能质量检测装置或者谐波分析仪，一般保存在电网监测设备中，通常由电网中发生的事件或故障触发，根据需要上传，用于进行各种后续分析。对于某些电网监测装置，也可以对监测波形进行连续采样，在当地装置中进行分析，提取特征值供当地分析与控制使用，也可以生成报表发送到控制中心。波形数据的采样频率一般比较高，像电能质量监测，一般每秒采样高达512次。这类数据对于分析电网的暂态过程，研究电网运行的动态行为，分析故障发生原因非常重要。

（3）用电数据来自智能电表：采样数据一般包括电流、电压、有功功率、电度累计量和功率因数。居民用户采样间隔一般是1h，工商用户是15min，保存在当地的数据采集器中，每天集中向电表数据管理中心传送。国内一般每天集中传送1次，国外有的电力公司一天传送 3 次。智能电表采集的数据规模巨大，例如，美国太平洋煤气电力公司每个月从 900 万块智能电表中采集的数据高达 3TB。对于分布式发电，智能电表数据也是对其进行监视计费的主要手段。但目前智能电表的数据主要被用于进行电量计费，向用户发放账单。智能电表作为智能电网中最底层的电网数据采集装置，其测量数据中蕴涵大量可用于描述电网运行状态的信息，如果能够获得充分利用，将产生巨大的运行效益和商业效益。实际上，智能电网大数据的多个应用就是针对智能电表数据价值的充分挖掘展开的。

（4）非同步事件数据：由电网故障或者对电网设备进行操作而产生的，最常见的是报警数据。当这类事件发生时，安装在电网中的各种监测装置会集中产生大量数据，在第一时间集中送往系统控制中心。由于电网中安装的众多监测设备会对同一电网事件做出反应，因而会产生大量报警数据，如何从众多报警数据中发现电网事件发生的根本原因是处理非同步事件数据的关键技术。

（5）其他数据：电网公司每天有大量的检修或抢修操作。通常，这些操作需要由检修管理系统制定检修或抢修计划，一般称为操作票。操作完成后，要填写操作日志或操作报告。这类数据称为半结构化数据。

电网公司设有用户服务系统，用来接听用户的电话服务请求。这些电话通常涉及故障报修、电费争议和服务投诉等与用户切身利益密切相关的事件，是了解用户感受、为用户提供优质服务的最佳渠道。这些电话也会产生大量的语音服务数据。

电网公司大力建设的变电站综合自动化和输电线路直升机巡检产生了大量反映变电站和输电线路设备状态的照片和音频数据。语音服务数据、照片和音频数据称为非结构化数据。

2. 电网大数据的特征

（1）电网大数据的"3V"和"3E"特征：

电力大数据的"3V"和"3E"特征如图 3-2 所示。电网大数据的"3V"分别是体量大（Volume）、类型多（Variety）和速度快（Velocity），"3E"分别是数据即能量（Energy）、数据即交互（Exchange）、数据即共情（Empathy）（见图 3-2）。

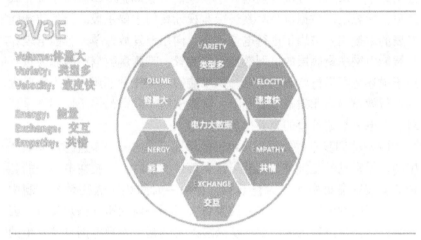

来源：中国电机工程学会，2013-1

图 3-2　电力大数据的"3V"和"3E"特征

　　体量大（Volume）：体量大是电力大数据的重要特征，随着电力企业信息化快速建设和智能电力系统的全面建成，电力数据的增长速度将远远超出电力企业的预期。以发电侧为例，电力生产自动化控制程度提高，对诸如压力、流量和温度等指标的监测进度、频率和准确度要求更高，对海量数据采集处理提出了更高的要求。如图 3-3 所示。

表计数量	采集频率15分钟	采集频率1分钟	采集频率1秒钟
10 000	32.61GB	489.0GB	114.6TB
100 000	326.1GB	4.8TB	1.1PB
1 000 000	3.18TB	47.7TB	11.2PB

来源：中国电机工程学会，2013-1

图 3-3　表计数量与采集频率决定的数据量变化

类型多（Variety）：电力大数据涉及多种类型的数据，包括结构化数据、半结构化数据和非结构化数据。随着电力行业中多媒体技术应用的不断推广，音频、视频、图片等非结构化数据在电力数据中的占比会进一步加大。此外，电力大数据应用过程中还存在着对行业内、外能源数据、天气数据等多源数据融合分析需求，而这些都直接导致了电力数据类型增加，从而极大地增加了电力大数据的复杂度。

速度快（Velocity）：主要指对电力数据采集、处理、分析的速度。鉴于电力系统中业务对处理时限的要求较高，以"1s"为目标的实时处理是电力大数据的重要特征，这也是电力大数据与传统批量处理的最大区别。

数据即能量（Energy）：电力大数据具有无磨损、无消耗、无污染、易传输的特性，并可在使用过程中不断精炼而增值，也可以在保障电力用户利益的前提下，在电力系统各个环节的低耗能、可持续发展方面发挥独特而巨大的作用。通过节约能源来提供能量，具有与生俱来的绿色性。电力大数据应用的过程，即是电力数据能量释放的过程。从某种意义上来讲，通过电力大数据分析达到节能的目的，就是对能源基础设施最大的投资。

数据即交互（Exchange）：电力大数据与国民经济紧密联系，具有无与伦比的正外部性。其价值不只局限在电力工业内部，更能体现在整个国民经济运行、社会进步以及各行各业创新发展等方方面面，而其发挥更大价值的前提和关键是电力数据同行业外数据的交互融合，以及在此基础上全方位的挖掘、分析和展现。这也能有效地改善当前电力行业"重发轻供不管用"的行业短板，真正体现出"反馈经济"所带来的价值增长。

数据即共情（Empathy）：企业的根本目的在于创造客户，创造需求。电力大数据联系千家万户和厂矿企业，推动中国电力工业由"以电力生产为中心"向"以客户为中心"转变，通过对电力用户需求的充分挖掘和满足，建立联系纽带，为广大电力用户提供更加优质、安全、可靠的电力服务。在电力行业价值贡献过程中，中国的电力工业也找到常变常新的动力源泉，共情方能共赢。

（2）电网大数据的其他特点：电网大数据除具备以上的"3V"和"3E"特征外，还具备以下 4 个特点：

来源多样性：数据源系统多种多样，大小系统并存。电网大数据有多种来源，包括用电信息采集系统、营销系统、生产管理系统、广域监测系统、配电管理系统、用户管理系统、设备检测系统、客服管理系统等。在这些系统中，既有用电信息采集系统和广域检测系统这样的数据规模巨大的大数据系统，也有数据量不太大的多个中小型系统。这些系统的建设标准不同，数据规范不一，而且同一物理设备在不同的系统中命名规则也各不相同。

空间分布性：智能电网中的运行数据来自分布在整个电网不同物理地点的监控装置，从分布在每个家庭的智能电表，到遍及馈线、各个等级的变压器和变电站中的各类监控系统。

时间多尺度性：智能电网数据的时间跨度非常大，数据采集频度从波形数据的微秒、PMU 数据的毫秒、SCADA 数据的秒、智能电表数据的分钟到设备检测的小时，相差非常大。如何分析多个时间尺度数据间存在的内在联系是电网大数据需要迫切解决的关键技术之一。

实时交互性：智能电网中的运行检测数据包括智能电表数据、SCADA 数据和 PMU 数据，这些数据实际上均是流数据，利用这些数据可以在线地确定智能电网的实时运行状态，是调度员进行在线决策的重要依据。

3.2 电网大数据采集技术研究

电网大数据的远程采集系统是智能电网建设的物理基础，现有的远程采集系统集合了当前最新的计算机技术、通信及控制技术、测量技术及传感技术等，从而使得系统能够实现数据的采集、数据的管理及数据分析等功能。同时还能及时捕捉电网数据中的异常信息，对用电用户进行用电负荷的监控和防范，从而提高各级供电公司的电力管理效率。

3.2.1　数据采集系统的基本构架

电网数据远程采集系统基本构架分成三个部分：主站、通信信道和采集设备。系统的基本构架如图 3-4 所示。

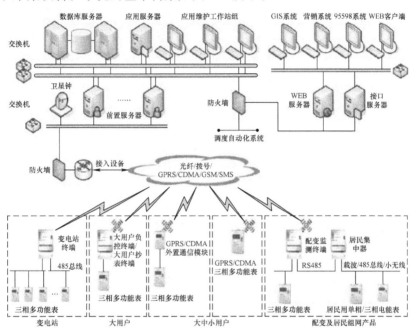

图 3-4　电网数据远程采集系统的基本构架

3.2.2　数据采集系统的逻辑框架

系统设计从逻辑框架角度分为采集层、通信层、数据层 3 个层次，分别承担不同的功能。主站层由基本功能、数据管理、数据采集和扩展功能组成。基本功能包括采集点设置、运行管理、负荷管理等基本业务应用，数据管理模块实现对数据的处理和存取，数据采集模块实现协议解析和采集功能的实现，扩展功能提供其他扩展应用。

其中，主站系统由数据库服务器、磁盘阵列以及相关的网络设备组成，主要完成业务应用、数据采集、控制执行、前置通信调度、数据库管理等功能。通信信道用于系统主站与采集终端之间的远程数据

电网大数据处理技术

通信。采集设备是安装在现场的终端及计量设备，负责收集和提供整个系统的原始用电信息，包括专变采集终端、集中器、采集器以及智能电能表等。

　　而外部用电舆情数据则需要从微博、微信公众号、博客、论坛等有关电力使用模块进行爬取，制定一定的爬取规则和清洗规则，保证爬取到与电力高度相关的舆情数据，将这些爬取的数据与电力服务客服接收的短信、语音等作为最终的用电舆情数据。电网数据远程采集系统的逻辑框架如图 3-5 所示。

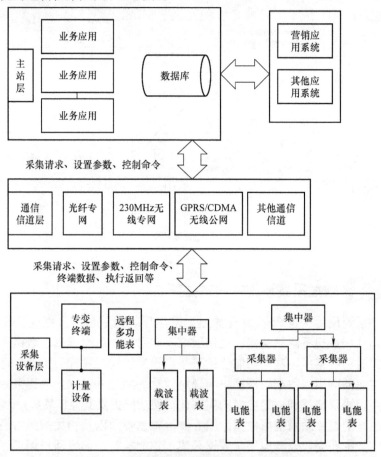

图 3-5　电网数据远程采集系统逻辑框架图

3.2.3 数据远程采集系统的物理架构

　　数据远程采集系统的物理架构共分成三层，其中第一层主站，是整个系统的管理部分的核心，主要用于整个系统的信息采集、用电管理以及数据管理及应用。第二层是数据采集层，利用采集终端实现各采集点的数据采集过程。通信网络完成系统各层之间的数据传输，包括光纤专网、专用或公共无线、有线通信网络以及电力线载波通信网络。第三层采集点监控设备，也就是电能信息采集源和监控对象，确保采集点终端设备的正常运行。数据远程采集系统的物理架构分层图和物理结构图分别如图 3-6 和图 3-7 所示。

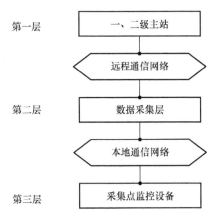

图 3-6　数据远程采集系统的物理架构分层图

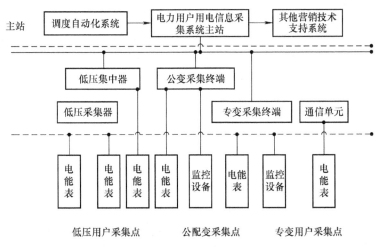

图 3-7　数据远程采集系统的物理结构图

41

3.2.4 电网大数据采集技术分类

电网大数据的采集技术需要根据数据的不同类型及特征来选择，一般可分成流式数据采集、数据库采集和文件采集三种。

1. 流式数据采集及实现工具

电网中流式数据主要来自智能电表、PMU 及各种传感器等，这类数据规模大、结构类型繁多且速度快。该技术可以通过简单的配置数据来源、数据传输通道及数据目的地，实现数据的实时采集。同时，还可以实时监控并跟踪数据，监测数据从采集、传输、处理到入库的全过程。常用的流式数据采集实现工具包括 Scribe、Chukwa、Kafka、Flume 等。

2. 数据库采集及实现工具

该技术可实现将 Hadoop 和关系型数据库中的数据进行相互转移，可以将一个关系型数据库中的数据导入 Hadoop 的 HDFS（Hadoop Distributed File System，HDFS）中，也可以将 HDFS 的数据导入关系型数据库中，适用于关系型数据库与大数据平台分布式存储之间的数据交换和整合，常用的实现工具是 Sqoop。

3. 文件采集及实现工具

该技术可以采集 dat、csv 及 txt 类型的文件，通过对数据库配置文件检验规则及数据预处理规则等，实现对文件的高效验证和核查，完成数据文件导入。常用的实现工具是 Kettle。

3.3 电网异构大数据混合采集系统及平台设计

现有的大数据采集技术大都面向海量数据采集的应用场景，可以实现分布式横向扩展，具备了高吞吐量的特征，适用于采集并处理非实时或弱实时类数据。随着智能电网的发展，实时数据的应用场景越来越多，这些数据的处理需要更快速的数据处理技术。此外，现有数据采集技术的工具在面向不同场景时，难以适应多源异构数据的混合应用场景，各类工具的数据获取、转换和装载过程自成体系，导致后期多源数据转换过程相互独立及多源数据交叉校验困难等。同时，多源数据获取后直接录入分布式数据库或分布式存储，没有对对象进行统一编码，给后期数据挖掘工作带来了很大困难。面对这一现状，本节介绍一种新的电网异构大数据混合采集系统及平台设计，可以实现异构数据源的混合接入和集群管理，实现采集数据的高数缓存与刷新，海量多源数据的交叉校验及对对象的统一编码、实时交换等。

3.3.1　系统简介

1. 系统的逻辑架构

系统由数据接口层、数据采集与转换层和数据发布层组成，逻辑架构如图 3-8 所示。其中数据接口层解决不同类型采集数据接入方式的问题，数据经过特征提取、识别数据格式和交互方式，适配对应的交互接口。数据采集层解决基于灵活分布式集群将异构系统多源数据进行统一采集的问题，数据采集与转换实现数据采集的高速刷新和处理。数据发布层基于高速实时总线技术，提供海量实时数据的消息总线，实现数据集的实时交换和发布。

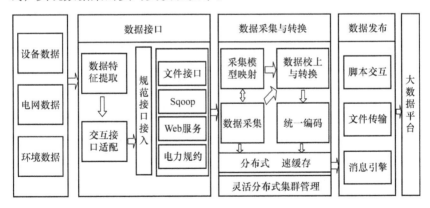

图 3-8　系统逻辑架构图

2. 系统的存储架构

系统采集的数据最终提交给大数据平台，存储于 HDFS 分布式存储、HBase、Hive 数据库中。存储架构如图 3-9 所示。

電网大数据处理技术

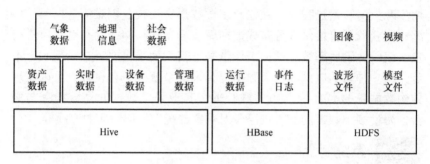

图 3-9　系统存储架构图

3. 系统部署架构

系统采用 PC 服务器和虚拟化技术部署，主体功能部署在生产管理区，需要与互联网交互的功能，比如从互联网上获取社会数据、气象台预报数据等。系统部署架构如图 3-10 所示。

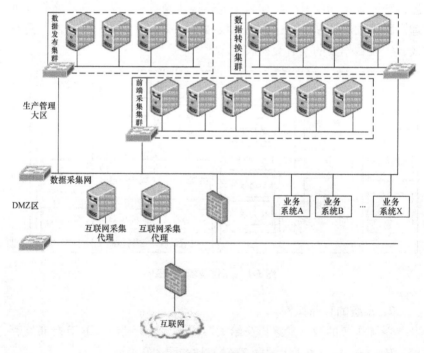

图 3-10　系统部署架构图

44

3. 3. 2　核心功能

1. 混合数据采集模型

混合数据采集通过异构数据源智能映射技术实现采集模型的统一，它包含三个方面：

（1）公共的模型信息：异构数据源模型智能映射技术通过抽象容器将一般性的组织和事物中"包含"的关系理解为各级容器的从属结构，可以建立各种不同应用的模型，从而具有灵活性和扩展性，如图 3-11 所示。

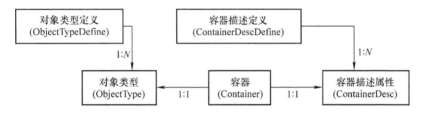

图 3-11　容器及公共对象附加属性描述

（2）公共对象信息和各异构数据源私有对象信息的映射关系：公共对象信息是抽取了各异构数据源的对象信息部分，通过公共命名方式对各系统的私有对象信息进行归纳，提取出公共对象信息，并将公共对象信息、私有对象信息以及它们的映射关系装载到已经建立好的具体的容器模型结构中。

（3）公共数据服务和各异构数据库私有的数据服务的映射关系：异构数据源模型智能映射技术的管理数据服务分为两部分：公共数据服务管理、各异构数据库源的数据服务管理以及两者之间的映射关系。公共数据服务对混合数据采集提供统一的查询数据结构；各异构数据库源的数据服务基于对各数据源 Agent 代理的子查询，提供其内部具体的数据结构；而公共查询到各数据源的子查询是根据上述两者之间的映射关系。如图 3-12 所示。

2. 数据采集集群

分布式采集集群通过异构系统模型智能映射获取各个数据源的元

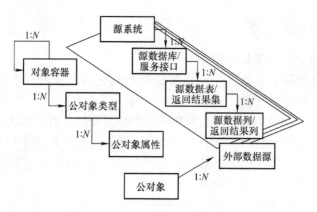

图 3-12 公共数据服务和各数据源数据属性的映射关系

数据信息,将每个数据源按照采集量横向分片形成不同的采集任务,每个采集任务对应一个或多个冗余采集通道,采集集群通过按节点分配或 NAT 映射等技术将采集通道在集群内各节点上均衡分散运行,以提高集群的整体并发性。采集算法流程如图 3-13 所示。

3. 置信度评估

系统通过在数据校核和转换的处理过程中加入置信度评估方法,将经过校核转换处理的数据和原始数据分别给予不同的置信度标签,而不是将数据直接清洗删除掉,在保留数据的同时也起到了数据辨识的作用,为后续的数据分析和应用提供了更多的选择权。如图 3-14 所示。

4. 数据交换

数据采集与提交需要解决数据交互过程中交互机制多样化与规范化的矛盾。系统根据不同数据的特点在转发给大数据平台时使用不同的数据交换方案,数据主要通过以下三种形式提供给大数据平台。

(1) Sqoop 脚本:对于结构化的数据,通过类 SQL 语句的 HQL 快速实现映射为一张数据库表,通过编写 Sqoop 脚本实现数据的全量导入或者增量导入。Sqoop 导入的主要是商用关系库中的数据,如设备资产信息,设备缺陷信息,设备试验数据,设备跳闸数据,电压监测数据等。

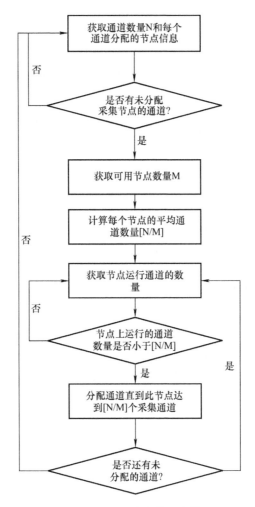

图 3-13　采集通道负载均衡算法

（2）Kafka：Kafka 是高并发性的分布式消息系统，基于 Kafka 消息订阅的实时数据发布服务按照实时数据区域属性分成多个主题并发传输，在消费端同样采用并发策略，将订阅的实时数据并发写入 HBase，系统可以根据实时数据的变化弹性扩展发布主题的数量和服务的数量，从而充分利用 Kafka 和 HBase 并发吞吐量大的特性提高对

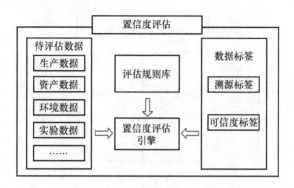

图 3-14　海量数据置信度评估图

实时数据存储的响应能力。采用 Kafka 交互的数据主要有实时量测数据、在线监测直采数据、广域向量测量数据、告警事件等。

（3）文件传输：系统通过 ftp 方式将获取的非结构化或半结构化文件数据传输给大数据平台，存储到 HDFS 分布式文件系统中，这部分数据包括模型文件、录波文件、图像文件、视频文件等。

以上三种数据发布的任务均由系统提供的集群管理软件负责调度，可混合调度三类任务，对于 Sqoop 和文件传输任务采用批处理定时启停模式，对于实时数据发布服务采用在线分布式弹性扩展方式调度。

第4章

电网大数据存储技术

随着电网大数据"井喷式"的增长，数据体量的巨大及数据的多源异构的特点给电网大数据的存储带来了巨大的挑战。传统的集中式数据中心已经无法满足智能电网全业务的数据存储需要，易于扩展的分布式存储系统的构建才是解决存储问题的关键。随着数据规模的扩大，动态增加存储节点，针对不同的数据类型，采用不同的存储引擎。同时，不同存储系统之间构建连接器以实现数据的快速融合。本章首先介绍电网大数据分布式存储技术，其次介绍一种基于区块链的电网全业务数据分布式存储方案，最后介绍电网大数据分布式检索技术。

4.1 电网大数据分布式存储技术

1. 分布式文件系统

分布式文件系统适合存储海量的非结构化数据，它将数据存储在物理上分散的多个存储节点上，统一管理和分配节点资源，并向用户提供文件系统的访问接口，解决本地文件系统在文件大小、文件数量、打开文件数量上的限制问题。

HDFS 是一个分布式文件系统，它将大规模数据分割成数据块，存储在多个数据节点组成的分布式集群中。当数据规模增加时，只需要增加更多的数据节点，就可以具有强大的可伸缩性。同时，每个数据库会在不同的节点中存储多个副本，具有高容错性。下面详细介绍 HDFS 架构及文件读取过程及文件写入过程。

（1）HDFS 架构：HDFS 架构如图 4-1 所示。

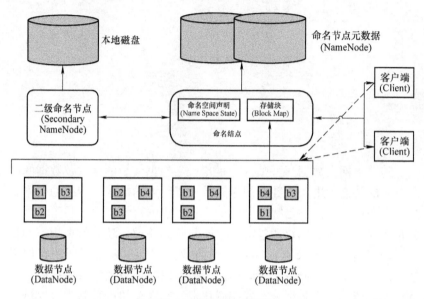

图 4-1   HDFS 的架构图

HDFS 采用 Master/Slave 的架构来存储数据，这种架构主要由四个部分组成，分别为 HDFS Client、NameNode、DataNode 和 Secondary NameNode。

1）Client 是客户端。它可进行如下操作：

● 文件切分。文件上传 HDFS 的时候，客户端（Client）将文件切分成一个一个的存储块（Block），然后进行存储。

● 与命名节点元数据（NameNode）交互，获取文件的位置信息。

● 与数据节点（DataNode）交互，读取或者写入数据。

● 客户端提供一些命令来管理 HDFS，比如启动或者关闭 HDFS。

● 客户端可以通过一些命令来访问 HDFS。

2）命名节点元数据（NameNode）是一个主管、管理者。可进行如下操作

● 管理 HDFS 的名称空间。

● 管理存储块（Block）映射信息。

- 配置副本策略。
- 处理客户端读写请求。

3）数据节点（DataNode）是 Slave。NameNode 下达命令，DataNode 执行实际的操作。可进行如下操作：

- 存储实际的数据块。
- 执行数据块的读/写。

4）二级命名节点（Secondary NameNode）并非 NameNode 的热备。当 NameNode 挂掉的时候，它并不能马上替换 NameNode 并提供服务。它可进行如下操作

- 辅助 NameNode，分担其工作量。
- 定期合并 fsimage 和 fsedits，并推送给 NameNode。
- 在紧急情况下，可辅助恢复 NameNode。

（2）HDFS 文件读取：HDFS 文件读取过程如图 4-2 所示。

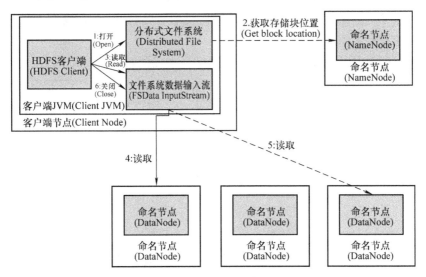

图 4-2　HDFS 文件读取过程

HDFS 的文件读取包括以下几个步骤：

- 首先调用文件系统（FileSystem）对象的打开（Open）方法，

电网大数据处理技术

其实获取的是一个分布式文件系统（DistributedFileSystem）的实例。

● DistributedFileSystem 通过 RPC（远程过程调用）获得文件的第一批存储块（Block）的位置（locations），同一存储块按照重复数会返回多个位置（locations），这些位置（locations）按照 Hadoop 拓扑结构排序，距离客户端（Client）近的排在前面。

● 前两步会返回一个 FSDataInputStream 对象，该对象会被封装成 DFSInputStream 对象，DFSInputStream 可以方便地管理 Datanode 和 Namenode 数据流。客户端调用读取（Read）方法，DFSInputStream 就会找出距离客户端最近的 Datanode 并连接 Datanode。

● 数据从 DataNode 流向客户端。

● 第一个 Block 块的数据读完，就会关闭指向第一个 Block 块的 Datanode 连接，接着读取下一个 Block 块。

● 第一批 Block 都读完后，DFSInputStream 就会去 Namenode 取下一批 Blocks 的位置，然后继续读取，直到所有的 Block 都读完，所有的流就会关闭。

（3）HDFS 文件写入：HDFS 文件写入过程如图 4-3 所示。

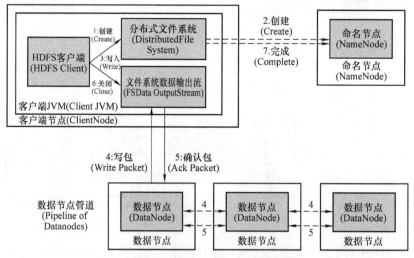

图 4-3　HDFS 文件写入过程

52

HDFS 文件写入主要包括以下几个步骤：

- 客户端通过调用 DistributedFileSystem 的创建（Create）方法，创建一个新的文件。
- DistributedFileSystem 通过 RPC 调用 NameNode，去创建一个没有 Blocks 关联的新文件。创建前，NameNode 会做各种校验，比如文件是否存在，客户端有无权限去创建等。如果校验通过，NameNode 就会记录下新的文件，否则就会抛出 IO 异常。
- 前两步结束后会返回 FSDataOutputStream 的对象，和读文件读取相似，FSDataOutputStream 被封装成 DFSOutputStream，DFSOutputStream 可以协调 NameNode 和 DataNode。客户端开始写数据到 DFSOutputStream 中，它会把数据切成一个一个小包 Packet，然后排成数据队列（Data Queue）。
- DataStreamer 会去处理接受 Data Queue，它先问询 NameNode 这个新的 Block 最适合存储的在哪几个 DataNode 里，比如重复数是 3，那么就找到 3 个最适合的 DataNode，把它们排成一个 Pipeline。DataStreamer 把 Packet 按队列输出到管道的第一个 DataNode 中，第一个 DataNode 又把 Packet 输出到第二个 DataNode 中，以此类推。
- DFSOutputStream 还有一个队列称为 Ack Queue，也是由 Packet 组成，等待 DataNode 的收到响应，当 Pipeline 中的所有 DataNode 都表示已经收到的时候，这时 Akc Queue 才会把对应的 Packet 包移除掉。
- 客户端完成写数据后，调用 Close 方法关闭写入流。
- DataStreamer 把剩余的包都刷到 Pipeline 里，然后等待 Ack 信息，收到最后一个 Ack 后，通知 DataNode 把文件标示为已完成。

2. 分布式数据库

分布式数据库由于其良好的扩展性和协同性，适用于结构松散无模式的半结构化数据或非事务特性的海量结构化数据，在大规模数据存储和管理中得到了广泛的应用。

（1）非关系型数据库（NoSQL）：在 NoSQL 中，数据模型大部分是基于 Key – Value（键值）的数据模型，键值可以对应 Value、结构化数据、文档等。键值存储系统的数据按照键值对进行组织、索引和存储。与关系型数据库相对,键值存储系统一般为无模式的,特别适合结构复杂、关联较少的半结构化数据存储,具有非常好的数据读写性能。当前电网大数据处理常用的键值存储系统就是 HBase 系统,该系统以 HDFS 为文件存储系统,通过 MapReduce 技术来处理存储的海量键值对数据。下面详细介绍 HBase 分布式数据库的概念、系统架构、存储格式及数据读取。

1)HBase 是 Goolge Bigtable 的开源实现,是一个具有高可靠性、高性能、面向列、可伸缩式的分布式存储系统,可在廉价 PC Sever 上搭建大规模结构化存储集群。HBase 位于 Hadoop 的存储层,处于核心位置,底层采用 HDFS 作为文件系统,上层采用 MapReduce 分布式编程框架提高计算性能。

HBase 数据存储结构不同于传统的关系型数据库,它是一种结构松散、分布式、多维度有序映射的持久化存储系统,它索引的依据是行键、列键和时间戳。HBase 可以被看作键值存储数据库、面向列族的数据库,其数据存储结构如图 4-4 所示。

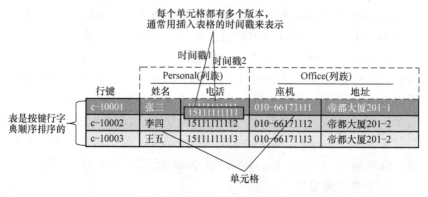

图 4-4 HBase 数据存储结构

2)HBase 的集群结构是与 Hadoop 相似的主从架构,由一个 HMaster 和多个 HRegionServer 节点组成。HMaster 是集群管理者,客户端对数据表的操作、HRegionServer 的负载均衡及 Region 的分配等工作都需要通过 HMaster 实现。HRegionServer 实现数据的存储与管理的具体过程，其系统架构如图4-5所示。

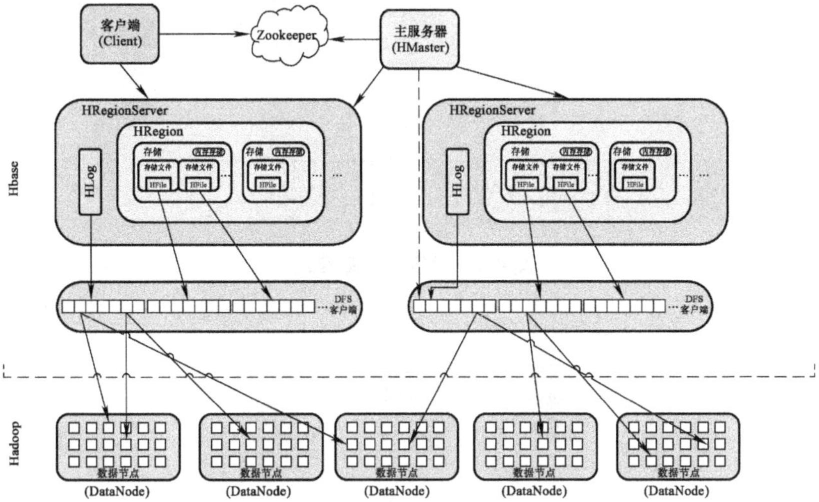

图 4-5 HBase 的系统架构

上图中 Client 为整个 HBase 集群的访问入口，使用 HBase RPC 机制与 HMaster 和 HRegionSever 进行通信，与 HMaster 进行通信管理表的操作，与 HRegionSever 进行数据读写类操作。Zookeeper 存储所有 HRegion 的寻址入口，实时监控 HRegionSever 的上线和下线信息，并实时通知到 HMaster，存储 HBase 的 Schema 和 Table 元数据。HMaster 负责 Table 和 Region 的管理工作，管理用户对表的创建、删除等操作。还管理 HRegionSever 的负载均衡，调整 Region 分布，在 HRegionSever 停机后，负责失效 HRegionSever 上 Region 迁移工作。此外还监控维护 HRegion，处理对这些 HRegion 的 IO 请求，向 HDFS 文件系统中读写数据，负责切分在运行过程中变得过大的 HRegion。

3）HBase 所有的数据文件都存储在 Hadoop HDFS 文件系统上，主要格式有两种：

● HFile：键值数据的存储格式，如图4-6所示。

● Hlog File：Hadoop Sequence File，Sequence File 的 Key 是 HLogKey 对象，HLogKey 中记录了写入数据的归属属性，如图4-7所示。

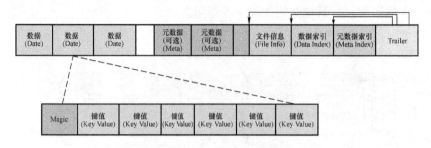

图 4-6　HFile 存储格式

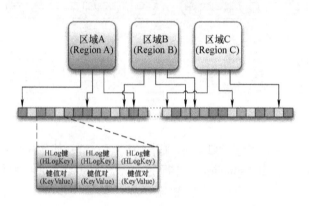

图 4-7　Hlog File 存储格式

（2）分布式时间序列数据库：分布式时间序列数据库是专门用于管理时间序列数据的专业数据库，针对时序数据进行了存储、查询等方面的专门优化，具有优良的数据压缩能力、极高的存储速度和查询检索效率，可用于解决智能电网海量运行记录全息存储、高效检索和分析等方面的问题。在存储策略方面，分布式时间序列数据库改变原有周期性存储为根据变化的时间序列连续存储，以满足电网调度业务应用中基于时间维度、时间切面的数据检索与分析，具有高响应度、查询效率和处理性能。目前主流分布式时间序列数据库包括 OpenTS-DB、InfluxDB 等。

3. 关系数据库管理系统

关系数据库管理系统是当前电网大数据相关的业务应用系统中结

构化数据的主要存储系统，主要包括 MySQL、PostgreSQL、Oracle、DB2 和 Sybase 等。虽然传统的关系数据库在存储规模、吞吐量及数据类型和支撑应用等方面存在问题，但是电网中基于对业务数据保密性和敏感性的要求，采用传统关系型数据库具有分布式存储所不具备的安全性。同时，针对数据库管理系统运行效率较低的问题，可以通过由关系型数据库扩展成并行数据库来取代关系型数据库的某些功能来改进，以大幅提升系统的性能。

4.2 基于区块链技术的电网全业务数据分布式云存储架构

尽管分布式数据存储系统具备扩展性强、安全性高及延迟性低的特点，但是随着电网业务爆炸式的增长，电网现有云存储系统端到端的数据存储延迟仍会越来越大。为解决这些问题，诸如区块链、雾节点及分布式软件定义网络（SDN）等新技术被用于数据分布式存储架构的改进中，以提升电网大数据的存储效率。

1. 存储架构

基于区块链和分布式雾节点技术的数据分布式存储架构如图 4-8 所示。该架构一共分为三层：数据采集层、雾节点层和核心云存储层。

（1）数据采集层位于网络边缘，实现各种智能电网设备的实时数据采集和用户终端的数据输入，并将本地形成的过滤数据发送到雾计算并使用请求数据存储服务。

（2）在雾节点层中，设备层将过滤后的原始数据传输到雾层，它由高性能分布式软件定义网络控制器组成。每个雾节点覆盖小型相关区域，并负责及时进行数据分析和服务存储。

（3）核心云存储层提供广域电网数据的监控，通过提供分布式计算和存储能力，用于提供大规模电网事件检测、行为分析和长期模式识别。

2. 区块链技术的应用

基于区块链技术的数据安全存储包括以下四个步骤：选择存储资

源节点、提供存储服务、登记存储记录和评价存储节点。在第一步中，智能电网设备和用户终端必须从基于区块链的分布式云存储资源池中选择存储资源提供者。一旦进行了选择，选定的雾节点将向智能电网设备和用户终端提供所需的数据存储服务。在响应所请求的存储服务之后，存储节点以区块链的形式注册该数据存储操作并与所有分布式对等服务提供商共享。最后，智能电网设备或用户终端将对提供数据存储服务的存储节点进行评价。

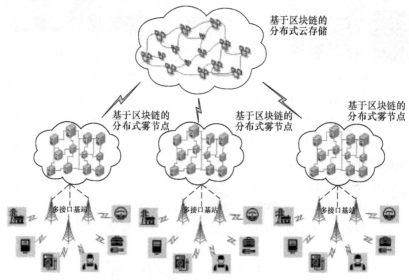

图4-8　基于区块链的分布式云存储架构

（1）共识机制：传统区块链通常采用工作量证明（Proof Of Work，POW）的单跳协议，该协议保证了在成员之间的区块链中发生的令牌交换被大量加密节点所批准。在基于区块链的分布式云存储架构中，在区块链之外发生的一些操作，例如存储性能、文件传输或一组数据采集，将导致成员之间的令牌交换，因此需要另一种协议来准确评价和证明在区块链之中的令牌交换。基于区块链的分布式云存储架构中采用的是结合权益证明（Proof Of Stake，POS）和工作量证明机制两跳共识机制作为区块链的共识协议，如图4-9所示。

（2）匹配算法：在上述构架中使用了匹配算法来根据存储资源请

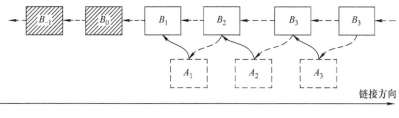

图 4-9　共识机制

求的描述将资源请求链接到存储资源提供节点。在基于区块链的分布式云存储架构中，匹配算法是确保存储资源提供的基本要素。该算法解决了这样的问题："可以在这台机器上执行存储任务吗？"在基于区块链技术的存储架构中存储了智能合约，描述了执行存储任务的要求，例如预期的存储管理程序、所需 CPU 等计算资源、RAM 以及最小磁盘空间等。

（3）调度算法：在分布式云中，调度算法将一组存储任务分配到存储资源上运行。对于任何分布式存储系统，调度程序都是关键组件，因为应用程序的性能主要取决于其效率。更具体地，该调度程序是包括用于调度存储任务和选择存储资源的若干策略的算法。例如，一个客户端可能希望获得最佳存储性能，即使存储成本更高，而另一个客户端可能希望最小化存储成本，即使这意味着计算将花费更长的存储时间。

3. 雾节点技术的应用

在基于区块链的分布式云存储中采用了边缘网络中的雾计算架构。在边缘网络中，所有数据采集终端和输入终端与雾节点的通信都通过多接口 BS 进行。BS 将作为雾控制器的网关或转发 SDN 交换机，它收集来自物联网设备的所有数据并将其转发到雾节点控制器。每个雾节点由分布式 SDN 控制器组成，并使用区块链技术提供可扩展、可靠和高可用性的服务。每个 SDN 控制器都包括数据包迁移和流动规则分析功能。分析模块在浸入式攻击中起到维护系统基础的主要功能，其中，SDN 体系架构如图 4-10 所示。

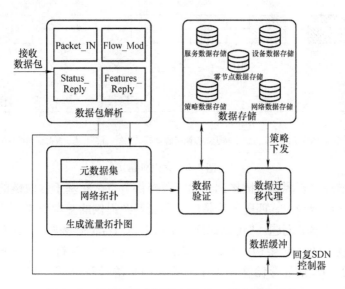

图 4-10 边缘网络中雾节点的 SDN 控制器的架构

. 该架构由三个不同阶段组成。第一阶段，监视并解析以从到达的网络交换（ OpenFlow）数据包中识别必要的 OpenFlow 控制消息，以构建整体网络视图。在第二阶段，对解析后的数据集进行分析，提取路由拓扑状态和元数据特征集，构建具有流动的网络流量拓扑图。架构保持了元数据的拓扑状态、出站流量路径设计规则，并存储入站数据包的转发等。第三阶段，集合的元数据流量验证在流量和管理策略的持续时间内收集的允许元数据值。该架构通过管理员指定的策略标记已知的攻击，即使它是随着时间的推移执行的最具体的流量活动来检测潜在的恶意活动。当发现新的流量行为时，SDN 控制器不会触发警报。只有在识别出导致现有流动行为发生变化的不可靠实体或挑战指定安全策略的流量时才会触发警报。

4.3 电网大数据分布式检索技术

随着数据量的激增，数据检索速度会大大降低，特别是对于非结构化数据检索，如果不使用数据索引检索技术，那么几乎无法满足实际的业务需求。Elasticsearch 是一个开源的且高扩展的分布式全文检索引擎，它可以近乎实时的存储、检索数据，其本身扩展性很好，可以扩展到上千台服务器，处理 PB 级数据。它使用 Lucene 作为其核心来实现所有索引和搜索功能，但是它的目的是通过简单的 RESTful API 来隐藏 Lucene 的复杂性，从而让全文检索变得更加简单。

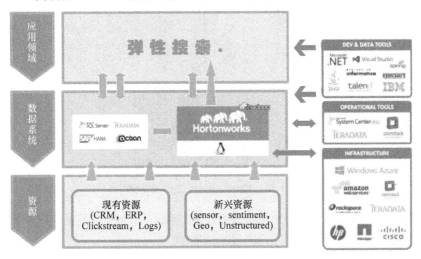

图 4-11　Elasticsearch 架构图

当 Elasticsearch 的节点启动后，它会利用多播（Multicast）寻找集群中的其他节点，并与之建立连接，Elasticsearch 的工作原理如图 4-12 所示。

Elasticsearch 包含以下 4 个核心概念。

集群（Cluster）：Elasticsearch 可以独立作为一个搜索服务器，但是为了处理海量的数据，实现容错性和高可用性，ES 通常会运行在许多相互连接的服务器上，这些机器的集合称为集群。

节点（Node）：集群中的每一个服务器或主机被称为一个节点。

分片（Shard）：当有大量的文档时，由于内存的限制、磁盘处理能力不足、无法足够快的响应客户端的请求等，一个节点可能不够。这种情况下，数据可以分为较小的分片，每个分片放到不同的服务器上。当查询的索引分布在多个分片上时，Elasticsearch 会把查询发送给

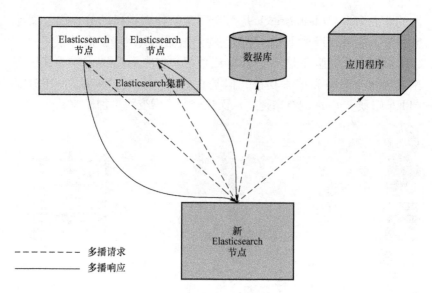

图 4-12　**Elasticsearch 工作原理图**

每个相关的分片，并将结果组合在一起，而应用程序并不知道分片的存在。即：这个过程对用户来说是透明的。

副本（Relis）：为提高查询吞吐量或实现高可用性，可以使用分片副本。副本是一个分片的精确复制，每个分片可以有零个或多个副本。Elasticsearch 中可以有许多相同的分片，其中之一被选择更改索引操作，这种特殊的分片称为主分片。当主分片丢失时，集群将副本提升为新的主分片。

通过使用 Elasticsearch 创建索引，可以快速检索到查询信息，从而满足分布式实时数据检索的要求。电力企业基于 Elasticsearch 构建一个大数据搜索引擎平台，可以与电力信息系统数据集成在一起，实现设备台账数据、用户数据、计量点负载率数据的快速检索，并且能够实现信息定位、数据分析和预警功能。

通过快速检索功能，用户可以通过任意一个服务器访问整个大数据集群平台，集群平台的任意一个节点都可以被选择为主节点，通过将索引分片划分为多个，并且可以配置一份复制片，主分片和复制片将会被存储在不同的节点中。

数据定位功能可以通过 ElasticSearch 搜索引擎针对导航数据的地理位置进行判定，将经纬度信息添加到索引中，实现数据插入之前可以针对经纬度信息进行处理。

数据分析功能可以通过在检索过程中根据电力企业的需求实现数据加工的分析功能。Elasticsearch 数据分析时引入了先进的协同过滤算法，可以根据各个集群节点的文档数据请求进行分析，按照相关性排列搜索到的内容并过滤掉不相关的内容。同时，Elasticsearch 引入了基于左右递归的新词发现算法，构建一个垂直领域的个性化词典，采用离线计算方式发现新词，在采用 Redis 广播模式将新词加载到 Elasticsearch 分词组件的词库中。

数据预警可以通过 Elasticsearch 技术实时监控集群状态，固定时间进行相应的检测，根据发生错误的情况进行相应的预警。基于 Elasticsearch 的电力大数据搜索引擎可以构建智能化的数据加工平台。能够根据用户输入的关键字，选择合适的搜索方式和搜索范围，帮助电力企业实现大数据的快速检索功能。

第 5 章
电网大数据融合技术

随着智能电网的发展，有海量的监测传感数据需要综合处理以支撑最终决策，因此基于数据融合的电网大数据处理方法获得了广泛的应用。本章首先介绍信息融合技术的内涵，包括理论、层次及方法，其次介绍电网大数据融合框架设计，最后介绍现有电网大数据融合平台的建设及实现。

5.1 信息融合技术

智能电网中存在不同系统、不同应用目的，以及不同特征信息的数据，需要通过信息融合来进行合并或集成，从而完成对信息数据的进一步可靠的推论和决策，因此信息融合技术被引入到大数据处理中，以解决数据多源、海量、冗余及异构等问题。

1. 信息融合理论

信息融合是将一个或多个信息源得到的数据通过关联、相关和综合，从而取得精准估计的处理过程，它是一种通过数据方法和技术工具集合不同信息源的数据来得到更加全面综合的信息。

2. 信息融合层次

信息融合的目标是利用信息同步技术将多源信息进行处理，将不同对象的数据分类融合，把属于同一对象的数据信息集中在一起，获得被测对象的完整及一致性描述，将"大数据"转变为"小数据"，使数据"由厚到薄"，从而得到比单一信息源更加全面、准确的数据，消除"信息孤岛"现象。根据融合的程度不同，把融合分成数据层、特征层及决策层融合三个层次，如表 5-1 所示。

表 5-1　信息融合分类

融合层次	输入	输出
数据层	原始数据	筛选数据
特征层	处理基本数据	特征数据
决策层	提取特征数据	最终决策

（1）数据层融合：数据层融合是最初级的融合，最终实现的是对同一个对象的数据关联及融合处理目标。数据层融合虽然避免了信息的大量丢失或遗漏，尽可能地保持了大量原始信息，但由于数据量巨大，耗费的时间太长，所以实时性很差。

（2）特征层融合：特征层融合使对预处理过的数据进行融合，获得数据的特征信息，在所获得特征信息和数据匹配的基础上，进行数据的关联处理。它的融合级别比较高，通常用于目标识别。此外，特征层融合在保留大部分原信息的基础上，还很好地改善了算法性能，提高了算法的实时性效率。

① 直接关联：这种方法对从不同（数据）集中采集的数据平等看待，进而把它们连成一个特征向量，这个特征向量最后被用于聚类或事物分类。因为不同数据集的表示、分布和规模不同，很多研究者认为这种数据融合的方法存在一定的局限性。首先，在少量的训练样本中，这种相互关联有可能导致过拟合，并且每一个样本的具体特征可能被忽略；其次，从不同形式的数据中发现关联性不强的数据之间的高度非线性关系是很困难的；最后，从可能存在相互关联的不同数据集中提取的数据特征可能存在冗余和依赖。

② 基于深度学习融合：使用 Boltzmann Machine 是深度学习在不同形式数据融合中的又一种应用。先对多形式学习模型定义 3 种标准：学习到的不同特征反映不同形式之间的相似性；这些共同的特征在缺少数据形式的情况下也可以很容易的获取；当从其他数据中查询时，这些新的数据特征可以促进检索。一种称为深度 Boltzmann Machine 的方法可以用来实现数据融合和数据关联推理，其结构如 5-1 所示。

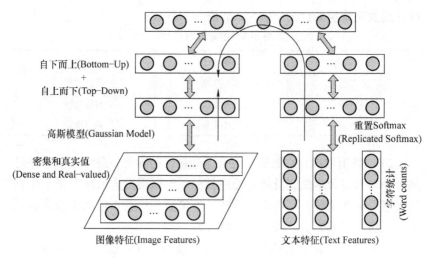

图 5-1　深度 Boltzmann Machine 结构图

（3）决策层融合：决策层融合是级别最高的融合，通过决策层融合，不仅可以实现目标识别的目的，还可以进一步得到最终的融合推断结果。决策层融合有优点也有缺点，优点是能够实现更深层次的融合和匹配，且实时性和抗干扰能力很好，缺点是信息量损失大。传统的数据挖掘是处理单一数据域中的问题，电网大数据包含不同的数据域、不同的数据源和不同的数据形式（不同的特征、分布、规模和密度）。

3. 信息融合方式及方法

传统数据融合主要是通过模式映射和副本检测的方式，使用相同的模式把多个数据集存储在数据库中，这些来自不同数据集的数据描述了相同的特征。然而，在大数据时代，不同领域产生的多个数据集隐含着某些物体之间存在的关联性。例如，尽管一个地区的电力数据和经济统计数据来自不同的数据域，但是用电量数据可以在一定程度上反应当地的经济发展状况。对来自不同数据域的数据进行融合时不能简单地通过模式映像和副本检测实现，而需要用不同的方法从每个数据集中提取信息，然后把从不同数据集中提取的信息有机的整合在一起，从而感知这一区域的有效信息。除了模式映射之外，还有很多信息融合的方法，这与传统的数据融合有很大的不同。传统的数据融合方式和跨域大数据融合方式如图 5-2 和图 5-3 所示。

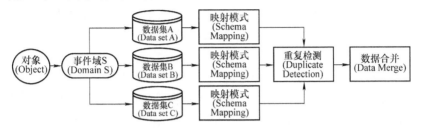

图 5-2　传统数据融合方式

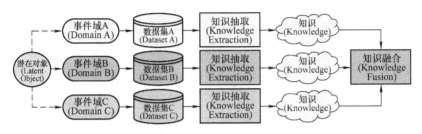

图 5-3　跨域大数据融合方式

多传感器的数据融合方法可以概括为随机和人工智能两大类，随机类方法有加权平均法、卡尔曼滤波法、多贝叶斯估计法、Dempster–Shafer（D–S）证据推理、产生式规则等。人工智能类则有模糊逻辑理论、神经网络、粗集理论、专家系统等。随着人工智能的快速发展，神经网络和人工智能等新概念、新技术在多传感器数据融合中将起到越来越重要的作用。

（1）卡尔曼滤波法

卡尔曼滤波主要用于融合低层次实时动态多传感器冗余数据。该方法用测量模型的统计特性递推，决定统计意义下的最优融合和数据估计。如果系统具有线性动力学模型且系统与传感器的误差符合高斯白噪声模型，则卡尔曼滤波将为融合数据提供唯一统计意义下的最优估计。卡尔曼滤波的递推特性使系统处理不需要大量的数据存储和计算。但是，采用单一的卡尔曼滤波器对多传感器组合系统进行数据统计时，存在很多严重的问题。例如，在组合信息大量冗余的情况下，计算量将以滤波器维数的三次方剧增，实时性不能满足。传感器子系统的增加使故障随之增加，在某一系统出现故障而没有来得及被检测出时，故障会污染整个系统，使可靠性降低。

（2）多贝叶斯估计法

多贝叶斯估计为数据融合提供了一种手段，是融合静态环境中多传感器高层信息的常用方法。它使传感器信息依据概率原则进行组合，测量不确定性以条件概率表示，当传感器组的观测坐标一致时，可以直接对传感器的数据进行融合，但大多数情况下，传感器测量数据要以间接方式采用贝叶斯估计进行数据融合。多贝叶斯估计将每一个传感器作为一个贝叶斯估计，将各个单独物体的关联概率分布合成一个联合的后验概率分布函数，通过使用联合分布函数的似然函数为最小，提供多传感器信息的最终融合值。融合信息与环境的一个先验模型提供整个环境的一个特征描述。

（3）D-S证据推理方法

D-S证据推理是贝叶斯推理的扩充，其3个基本要点是：基本概率赋值函数、信任函数和似然函数。D-S方法的推理结构自上而下分三级。第1级为目标合成，其作用是把来自独立传感器的观测结果合成为一个总的输出结果；第2级为推断，其作用是获得传感器的观测结果并进行推断，将传感器的观测结果扩展成目标报告。这种推理的基础是一定的传感器报告以某种可信度在逻辑上会产生可信的某些目标报告；第3级为更新，各种传感器一般都存在随机误差。所以在时间上充分独立地来自同一传感器的一组连续报告比任何单一报告都可靠。因此，在推理和多传感器合成之前，要先组合（更新）传感器的观测数据。

（4）模糊逻辑推理

模糊逻辑是多值逻辑，通过指定一个0到1之间的实数表示真实度，相当于隐含算子的前提，允许将多个传感器信息融合过程中的不确定性直接表示在推理过程中。如果采用某种系统化的方法对融合过程中的不确定性进行推理建模，则可以产生一致性模糊推理。与概率统计方法相比，逻辑推理存在许多优点，它在一定程度上克服了概率论所面临的问题，它对信息的表示和处理更加接近人类的思维方式，它一般比较适合于在高层次上的应用（如决策）。但是，逻辑推理本身还不够成熟和系统化。此外，由于逻辑推理对信息的描述存在很大的主观因素导致信息的表示和处理缺乏客观性。模糊集合理论对于数据融合的实际价值在于它外延到模糊逻辑，模糊逻辑是一种多值逻辑，隶属度可视为一个数据真值的不精确表示。

（5）人工神经网络法

神经网络具有很强的容错性以及自学习、自组织及自适应能力，能够模拟复杂的非线性映射。神经网络的这些特性和强大的非线性处理能力，恰好满足了多传感器数据融合技术处理的要求。在多传感器系统中，各信息源所提供的环境信息都具有一定程度的不确定性，对这些不确定信息的融合过程实际上是一个不确定性推理过程。神经网络根据当前系统所接受的样本相似性确定分类标准，这种确定方法主要表现在网络的权值分布上。同时，可以采用神经网络特定的学习算法来获取知识，得到不确定性推理机制。利用神经网络的信号处理能力和自动推理功能，即实现了多传感器数据融合。

5.2　电网大数据融合框架

信息融合方法将电力系统中生产调度、诊断监测等领域存在大量分散、冗余、多源、异构的数据通过融合进行有效挖掘和利用，从不同层面将电网数据处理成高效数据，从而实现降低网络阻塞、提高处理效率的目标。电网大数据融合框架如图 5-4 所示。

数据层融合实质是将数据作为输入经处理得到输出特征。输入数据多为数据采集和监视控制系统（SCADA）、广域监测系统（WAMS）、保护故障信息管理系统（RPMS）等，对这些系统产生的数据进行融合，得到下一层需要的特征数据。特征融合的特征数据作为输入信息经过处理得到决策输出，以少量的数据信息反映大部分特征。决策层融合的输入为特征层输出数据，输出结果是最终决策，提

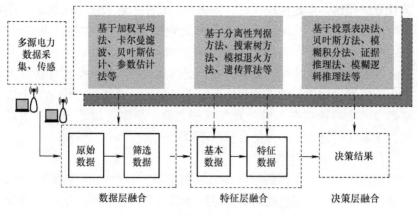

图 5-4　电网大数据融合框架示意图

供给电网应用层做出决策。

5.3　电网大数据融合平台

　　智能电网的发展对原本的电力系统提出了更高要求，电网数据的融合需要大数据平台的支撑。系统需要具备可自愈、可交互、高能效、信息共享、节能等特性。对于复杂的大数据架构来说，从架构层次方面大数据系统可设计为三个层次：传感测量层、数据管理层和应用层，如图 5-5 所示。

1. 传感测量层

　　对原始电力、温度、气象等数据进行采集如图 5-5 中的第一层，然后将其传送到数据存储基础设施数据中心等待进一步处理。为符合大数据对资源的要求，运用虚拟技术把 ICT 资源池组建为云服务构建基层设备，尽可能地使用资源、能源感知、简便的操作等方法实现高效使用资源的目标。数据传输主要包括两个流程：IP 主干网传输及数据融合中心传输。前者提供高容量主干线路将数据传输至融合中心，其传输速率由物理层和链路层决定，后者当数据传递到数据融合中心后，在数据融合中心中将完成存储调整等处理过程。

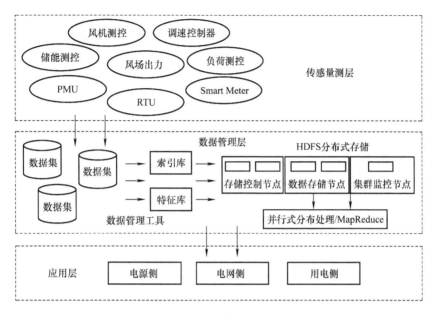

图5-5　电网大数据架构平台

2. 数据管理层

数据管理层是对数据进行进一步加工并存储管理的阶段，也是数据融合特征层的重要阶段，物力资源上的中间件装载了许多数据处理工具，例如数据集成工具、数据管理工具、编程模型等。

3. 应用层

运用程序接口分别对特定数据实现处理的应用，这些应用可供电网高层次系统使用，比如在线检测、电网智能调度、预测应用等。大数据架构提高了资源利用率并减少了集群能耗，保证了电网安全分析、可靠性分析等任务的平稳运行，并具有高效的大数据处理能力、快速的计算能力和较高的资源整合能力。

6

第6章
电网大数据分析与挖掘技术

电网大数据分析与挖掘技术将电网数据中存在的有价值的信息挖掘出来，以有效提升电力调度、电网状态检测与问题诊断、电网设备检修与诊断、电能损耗分析、用电用户行为分析、工单抢修等电力企业关键业务的服务水平，从而增强电网企业智能决策和应对风险的能力，为加强智能电网的建设打下了坚实的基础。本章首先介绍电网大数据分析步骤、分析框架及所采用的技术，其次介绍电网大数据分析与挖掘技术的应用案例，最后对现有电网大数据分析及挖掘技术进行总结并对未来技术发展趋势进行展望。

6.1 电网大数据分析步骤

电网大数据分析主要包括六个步骤：业务解析、分析方法、数据准备、数据建模、模型评价及模型反馈，其流程如图6-1所示。

1. 业务解析

电网大数据分析一定要基于电力企业的具体业务需求。立项初期需要学习和理解业务领域的相关知识及背景，深挖业务问题，了解业务需求，从而建立项目分析目标。

2. 分析方法

在业务解析的基础上，将具体的业务问题转化为分析问题，并提出问题的条件、假设，同时初步给出分析问题的方法。

3. 数据准备

数据准备阶段包括从未处理数据中构造最终数据集的所有活动。

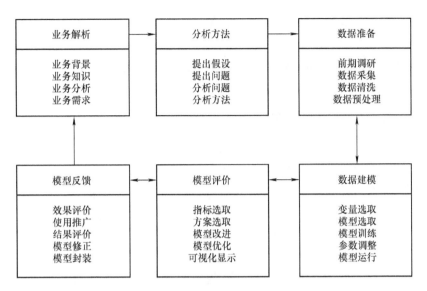

图6-1 电网大数据分析流程图

这些数据将是模型工具的输入值。这个阶段的任务有的可能需要执行多次，没有任何规定的顺序，任务包括表、记录和属性的选择，以及为模型工具转换和清洗数据。

4. 数据建模

建模步骤中，根据前期的需求分析就数据准备选择和应用不同的模型技术，同时调整模型的参数。有些技术可以解决一类相同的数据挖掘问题，有些技术在数据形成上有特殊要求，因此需要经常跳回到数据准备阶段。

5. 模型评价

模型评价的主要任务是针对所建立的高质量的模型进行模型评估，检查构造模型的步骤，确保模型可以完成既定的项目目标。本步骤的关键是确定是否有重要业务问题没有充分考虑到。评价结束后，数据挖掘结果使用的决定必须达成。

6. 模型反馈

模型确立后，根据模型从数据中找到知识，获得知识，以便用户使用的方式重新组织和展现。在模型具体实施过程中收集反馈信息，并根据反馈情况确定是否需要对模型进行修正。

6.2 电网大数据分析与挖掘技术概述

6.2.1 数据挖掘技术

数据挖掘是数据库知识发现的一个步骤。数据挖掘一般是指从大量的数据中自动搜索隐藏于其中的有着特殊关系的信息的过程。数据挖掘通常与计算机科学有关，并通过统计、在线分析处理、情报检索、机器学习、专家系统和模式识别等诸多方法来实现上述目标。

1. 常用数据挖掘方法

数据挖掘常用的方法有分类、回归分析、聚类、关联规则、神经网络方法、Web 数据挖掘等。这些方法从不同的角度对数据进行挖掘。

（1）分类：分类是找出数据库中的一组数据对象的共同特点并按照分类模式将其划分为不同的类，其目的是通过分类模型，将数据库中的数据项映射到某个给定的类别中。

（2）回归分析：回归分析反映了数据库中数据的属性值的特性，通过函数表达数据映射的关系来发现属性值之间的依赖关系。它可以应用到对数据序列的预测及相关关系的研究中去。

（3）聚类：聚类类似于分类，但与分类的目的不同，它是针对数据的相似性和差异性将一组数据分为几个类别。属于同一类别的数据间的相似性很大，但不同类别之间数据的相似性很小，跨类的数据关联性很低。

（4）关联规则：关联规则是隐藏在数据项之间的关联或相互关系，即可以根据一个数据项的出现推导出其他数据项的出现。关联规则的挖掘过程主要包括两个阶段：第一阶段为从海量原始数据中找出所有的高频项目组；第二阶段为从这些高频项目组产生关联规则。

（5）神经网络方法：神经网络作为一种先进的人工智能技术，因其自身自行处理、分布存储和高度容错等特性非常适合处理非线性的以及那些以模糊、不完整、不严密的知识或数据为特征的问题，它的这一特点十分适合解决数据挖掘的问题。典型的神经网络模型主要分为三大类：第一类是以用于分类预测和模式识别的前馈式神经网络模型，其主要代表为函数型网络、感知机；第二类是用于联想记忆和优化算法的反馈式神经网络模型，以 Hopfield 的离散模型和连续模型为代表。第三类是用于聚类的自组织映射方法，以 ART 模型为代表。虽然神经网络有多种模型及算法，但在特定领域的数据挖掘中使用何种模型及算法并没有统一的规则，而且人们很难理解网络的学习及决策过程。

（6）Web 数据挖掘。Web 数据挖掘是一项综合性技术，指 Web 从文档结构和使用的集合 C 中发现隐含的模式 P，如果将 C 看作输入，P 看作输出，那么 Web 挖掘过程就可以看作是从输入到输出的一个映射过程。

2. 经典数据挖掘算法

国际权威的学术组织 ICDM（The IEEE International Conference on Data Mining）2006 年 12 月评选出了数据挖掘领域的十大经典算法，分别为：C4.5、k - means、SVM、Apriori、EM、PageRank、Adaboost,、kNN、Naive Bayes 和 CART，这些经典算法在整个数据挖掘领域产生了极其深远的影响，下面对这些经典算法进行简要介绍。

（1）C4.5：C4.5 是一种分类决策树算法，其核心算法是 ID3 算法。它继承了 ID3 算法的优点，并在如下几个方面对 ID3 算法进行了改进：1）用信息增益率来选择属性，克服了用信息增益选择属性时偏向取值多的属性的不足；2）在树构造过程中进行剪枝；3）能够完成对连续属性的离散化处理；4）能够对不完整数据进行处理。这些改进使得 C4.5 算法具有产生的分类规则易于理解，准确率较高的优点。其缺点是：在构造树的过程中，需要对数据集进行多次顺序扫描和排序，使得算法效率不高。

（2）K - means（K - 均值算法）：K - means 是一种无监督的聚类方法，在最小化误差函数的基础上将数据划分为预定的类数 k。其基本步骤是，预将数据分为 k 组，则随机选取 k 个对象作为初始的聚类中心，然后计算每个对象与各个种子聚类中心之间的距离，把每个对象分配给距离它最近的聚类中心。聚类中心以及分配给它们的对象就代表一个聚类。每分配一个样本，聚类的聚类中心会根据聚类中现有的对象被重新计算。这个过程将不断重复直到满足某个终止条件。

（3）SVM（Support Vector Machine，支持向量机算法）：SVM 是一种监督学习方法，它广泛应用于统计分类以及回归分析中。其基本思想是将向量映射到一个更高维的空间里，在这个空间里建立一个最大间隔超平面。在分开数据的超平面的两边建有两个互相平行的超平面。分隔超平面使两个平行超平面的距离最大化。假定平行超平面间的距离或差距越大，分类器的总误差就越小。

（4）Apriori：Apriori 算法主要用于挖掘大规模数据中的关联规则，其核心是基于两阶段频集思想的递推算法，其中第一阶段是发现满足最小支持度阈值的项集，确定频繁项集，在频繁项集的基础上提取满足最小置信度阈值的项集，得到强规则的项集，从而实现关联规则的挖掘任务。

（5）EM（Expectation - Maximization，最大期望算法）：在统计计算中，EM 算法是在概率模型中寻找参数最大似然估计的算法，其中概率模型依赖于无法观测的隐藏变量。EM 算法常用在机器学习和计算机视觉的数据集领域。

（6）PageRank：PageRank 是 Goolge 算法的重要内容，其根据网站的外部链接和内部链接的数量和质量共同衡量网站的价值，思想是每个到页面的链接都是对该页面的一次投票，被链接的越多，就意味着被其他网站投票越多。这个就是所谓的"链接流行度"，用来衡量多少人愿意将他们的网站和你的网站挂钩，以体现网站的价值。

（7）Adaboost：Adaboost 是一种迭代算法，其核心思想是针对同一个训练集训练不同的分类器（弱分类器），然后将这些弱分类器集合起来，构成一个更强的结果分类器（强分类器）。其算法本身是通过改变数据分布来实现的，它根据每次训练集中每个样本的分类是否正确以及上次的总体分类的准确率，来确定每个样本的权值。将修改过权值的新数据集送给下层分类器进行训练，最后将每次训练得到的分类器最后融合起来，作为最后的决策分类器。

（8）KNN（k-nearest neighbor classification，K近邻算法）：K近邻算法是一种分类算法，其算法思想是如果一个样本在特征空间中的K个最相似（即特征空间中最邻近）的样本中的大多数属于某一个类别，则该样本也属于这个类别。该算法也是最简单的机器学习算法之一，具有精度高、对异常值不敏感、无数据输入假定等优点，但同时具有计算复杂度高、空间复杂度高等缺点。

（9）Naive Bayes（朴素贝叶斯算法）：朴素贝叶斯算法与决策树算法是目前应用最为广泛的两种分类算法。朴素贝叶斯算法所需估计的参数很少，对缺失数据不太敏感，算法步骤较简单。理论上，它与其他分类方法相比具有最小的误差率。但是实际上由于朴素贝叶斯算法需要假设属性之间具有相互独立性，而在实际应用中该假设较难满足，从而导致朴素贝叶斯算法分类的正确性得不到保障。在属性个数比较多或者属性之间相关性较大时，朴素贝叶斯算法的分类效率比不上决策树模型。而在属性相关性较小时，朴素贝叶斯算法的性能最为良好。

（10）CART（Classification and Regression Trees，分类与回归树算法）：CART算法是应用广泛的决策树学习方法，同样由特征选择、树的生成和剪枝组成，既可以用于分类也可以用于回归。CART算法既可以处理离散型问题，也可以处理连续型问题。在处理连续型问题时，主要通过使用二元切分来处理连续型变量，即特征值大于某个给定的值就走左子树，否则就走右子树。区别于ID3和C4.5，CART算法使用Gini系数代替信息增益比作为最有特征的切分，Gini系数代表了模型的不纯度，Gini系数越小，不纯度越低，特征越好。

3. 技术流程

（1）信息收集：根据确定的数据分析对象抽象出在数据分析中所需要的特征信息，然后选择合适的信息收集方法，将收集到的信息存入数据库。对于海量数据，选择一个合适的数据存储和管理的数据仓库是至关重要的。

（2）数据集成：把不同来源、格式、特点性质的数据在逻辑上或物理上有机地集中，从而为企业提供全面的数据共享。

（3）数据规约：执行多数的数据挖掘算法即使在少量数据上也需要很长的时间，而做商业运营数据挖掘时往往数据量非常大。数据规约技术可以用来得到数据集的规约表示，它小得多，但仍然接近于保持原数据的完整性，并且规约后执行数据挖掘的结果与规约前执行的结果相同或几乎相同。

（4）数据清理：在数据库中的数据有一些是不完整的（有些感兴趣的属性缺少属性值），含噪声的（包含错误的属性值），并且是不一致的（同样的信息不同的表示方式），因此需要进行数据清理，将完整、正确、一致的数据信息存入数据仓库中。

（5）数据变换：通过平滑聚集，数据概化，规范化等方式将数据转换成适用于数据挖掘的形式。对于有些实数型数据，通过概念分层和数据的离散化来转换数据也是重要的一步。

（6）数据挖掘过程：根据数据仓库中的数据信息，选择合适的分析工具，应用统计方法、事例推理、决策树、规则推理、模糊集、甚至神经网络、遗传算法的方法处理信息，得出有用的分析信息。

（7）模式评估：从商业角度，由行业专家来验证数据挖掘结果的正确性。

（8）知识表示：将数据挖掘所得到的分析信息以可视化的方式呈现给用户，或作为新的知识存放在知识库中，供其他应用程序使用。

6.2.2 机器学习

人工智能是研究、开发用于模拟、延伸和扩展人的智能的理论、方法、技术及应用系统的一门新的技术科学，它企图了解智能的实质，并生产出一种新的能与人类智能相似的方式做出反应的智能机器。人工智能的研究领域包括专家系统、机器学习、进化计算、模糊逻辑、计算机视觉、自然语言处理、推荐系统等。除此之外，其研究领域仍然在不断扩大。

机器学习是人工智能实现的一种途径，通过计算让人工智能系统获得归纳推理和决策的能力。它是一门多领域交叉学科，涉及概率论、统计学、逼近论、凸分析、算法复杂度分析等多门学科。机器学习可以分为传统机器学习和高级机器学习，传统机器学习包括无监督学习和有监督学习等，高级机器学习则包括深度学习、强化学习和迁移学习等。具体如图 6-2 所示。

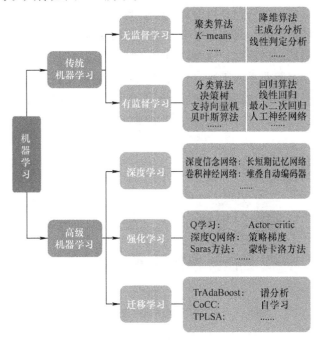

图 6-2　机器学习算法

1. 监督学习与非监督学习

监督学习：通过已有的训练样本（即已知数据及其对应的输出）去训练得到一个最优模型，再利用这个模型将所有的输入映射为相应的输出，对输出进行简单的判断从而实现分类的目的。也就具有了对未知数据分类的能力。监督学习的目标是让计算机去学习已经创建好的分类系统（模型）。

非监督学习：提供未标记数据，并且要求算法识别输入数据中的模式，主要是建立一个模型，用其试着对输入的数据进行解释，并用于下次输入。

2. 深度学习

深度学习有别于传统的浅层学习，它增加了模型结构的深度。另外，它明确了特征学习的重要性，与传统的基于专业领域知识手工设计特征提取器不同，深度学习对输入数据逐级提取从底层到高层的特征，建立从底层信号到高层语义的映射关系，从通用的学习过程中获得数据的特征表达。典型深度学习模型包括深度信念网络、卷积神经网络、长短期记忆网络、堆叠自动编码器等。

深度学习起源于人工神经网络，两者之间的关联如图 6-3 所示。深度学习模型主要包括深度前馈神经网络和深度反馈神经网络。

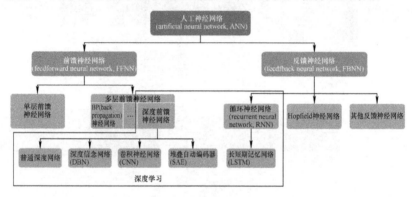

图 6-3　人工神经网络与深度学习的关联

（1）深度前馈神经网络：DBN 由多个限制玻尔兹曼机层组成，这些网络被"限制"为一个可视层和一个隐层，层间存在连接，层内单元间不存在连接，隐层单元被训练去捕捉在可视层表现出来的高阶数据的相关性。SAE 则由多个自动编码器串联堆叠构成，通过逐层降低输入数据的维度，将复杂的输入数据转化成简单的高阶特征，然后再输入分类器或者聚类器中进行分类或聚类，以提取输入数据的高阶特征。CNN 包括卷积层和池化层，人工神经元可以响应周围单元，在图像识别任务中表现优秀，但它并不完全适用于学习时间序列，需要辅助性处理，且效果也不一定好。

（2）深度反馈神经网络：对时间序列敏感的问题，通常采用循环神经网络 RNN。长短期记忆网络 LSTM 是 RNN 模型的变种，继承了

RNN 的大部分特性，同时解决了梯度反传过程中由于逐步缩减而产生的梯度消失问题。LSTM 非常适于处理与时间序列高度相关的问题，例如机器翻译、对话生成、编码、解码等。

3. 强化学习

强化学习又称再励学习、评价学习，是一种重要的机器学习方法，它的本质是解决决策上的问题，即学会自动进行决策。强化学习主要包含智能体、环境状态、行动和奖励这 4 个元素。在学习过程中，智能体根据环境状态，搜索策略做出最优动作，继而引起状态改变，因而得到环境反馈的奖惩值，智能体再根据奖惩值对当前策略做出调整并进入新一轮的学习训练，重复循环直到环境对学习个体在某种意义下的评价最佳，其实现过程示意图如图 6-4 所示。典型强化学习方法包括 Q 学习、深度 Q 网络、Sarsa 方法等。

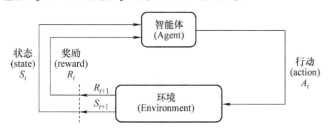

图 6-4　深度学习实现过程示意图

4. 迁移学习

迁移学习的目的是利用学习目标和已有知识的相关性，将现有的知识运用到相关但不相同的领域中解决相应的问题。在很多情况下，某些应用场景中仅有少量的标签样本甚至难以获取样本，无法支持可靠模型的构建，利用迁移学习能将相关场景中已存在的模型参数迁移到该场景中指导新模型的构建，从而提高新模型的泛化能力。典型的迁移学习算法有 TrAdaBoost、CoCC、自学习等。

6. 2. 3　知识图谱技术

1. 知识图谱的概念

知识图谱本质上是一种结构复杂的语义网络，其作用是为了揭示本体之间的关系。在知识图谱中有三个较为重要的概念，分别是实体、关系和属性。实体是知识图谱中最基础也是最重要的一部分，就像人体中的肌肉；关系则描述了实体之间的联系，就像人体中的骨骼；属性则表现了实体的固有特征，就像人体内的细胞。常常使用三元组的形式来具体地表示知识图谱中的实体、关系和属性，比如<头实体，关系（或属性），尾实体（或属性值）>，这些三元组的集合则组成了整个知识图谱。

知识图谱大致有两种构建的方式，一种是自底向上的，即先从数据中提取实体和关系，再构建顶层的本体模式；另一种是自顶向下的，即预先定义好知识图谱的本体模式，然后再从数据中提取相应的知识。这两种构建方式各有利弊，目前谷歌、百度、FaceBook 等互联网公司构建的知识图谱大多使用的是自底向上的方法。

2. 知识图谱的构建方式

知识图谱的构建过程如图 6-5 所示，主要包括信息抽取、实体消歧以及知识推理，由于工控安全领域的数据不易获取，同时分布也较为杂乱，因而工控安全知识图谱构建的过程也可以看作是一个多源数据采集与融合的过程。

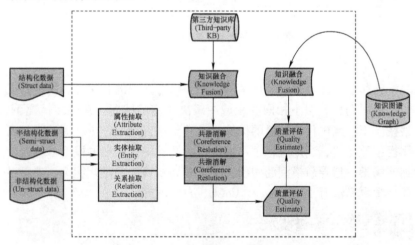

图 6-5　知识图谱的构建过程

信息抽取的主要功能是对文本数据进行分析与处理，并从中提取出一些特定的事实信息。信息抽取技术按照数据类型划分，可以分为面向结构化数据的信息抽取技术、面向半结构化的信息抽取技术以及面向开放域的信息抽取技术三种；按照所使用的方法来划分，可以分为基于数据挖掘的信息抽取技术、基于文本挖掘的信息抽取技术两种，或者也可以分为基于模板和规则的信息抽取技术以及基于机器学习方法的信息抽取技术。信息抽取主要包括命名实体识别、关系抽取以及事件抽取三种核心的工作。

实体消歧是指根据上下文确定对象语义的过程。实体消歧是自然语言理解中最核心的问题。我们知道，在词义、句义、篇章含义这些不同层次下都会出现语言根据上下文语义不同的现象，而实体消歧则是在词语层次上进行的语义消歧。实体消歧是自然语言处理任务的一个核心与难点，影响了几乎所有任务的性能，如后续的知识推理、搜索、关联、推荐等。实体消歧主要包括基于词典与知识库的方法、有监督学习的方法、无监督学习的方法以及半监督学习的方法等。

知识推理是指根据知识图谱中已有的知识，推断出新的、未知的知识。通过进行一系列的知识推理，能够提高知识的完备性，扩大知识的覆盖面。与此同时，对于面向工控安全的知识图谱来说，进行知识推理正是一个寻找关联、发现规则的过程，能够有效地从多源数据中得到一些隐藏的安全知识，从而丰富整个知识库。知识推理主要包括表示学习技术、张量分解技术以及路径排序算法三种方法。

6. 2. 4 区块链技术

区块链是一种全网节点共同维护用于存储历史交易记录或数据信息的分布式共享超级账本，其通过采用分布式共识机制、非对称加密算法、区块链式存储等技术实现了去中心化（全中心化）、去信任化（全信任化）、数据信息难以篡改等功能。区块链技术除了在金融交易领域中的应用外，在其他很多领域都获得了应用，具有广阔的应用前景，其应用范围包括物联网身份认证、食品药品监管、数据资产管理等，一切需要去中心化、去信任化、第三方监管的问题，均能通过区

电网大数据处理技术

块链技术得到解决。

区块链通过链式结构将数据信息记录在区块链中，能够实现记录的连续性，区块链结构如图 6-6 所示，区块链的基础结构是区块，每个区块通过区块头上的信息链接到前一个区块，形成链式结构。其中区块是数据的一个集合，记录着一定时间内的每一条数据信息或交易内容。每个区块有两个部分组成：区块头和区块体，其中区块头记录着链接上一个区块的 hash 值，用于链接上一个区块，保证区块的连续性，而区块体记录了规定时间内的所有数据信息和交易信息。区块链系统中的每个节点共同参与数据的管理和监督。

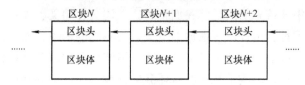

图 6-6　区块链结构

区块链技术不是一个单项的技术，而是一个集成了多方面研究成果基础之上的综合技术系统。其三个核心技术分别是：共识机制、非对称加密技术和分布式数据存储。

1. 共识机制

所谓共识，是指多方参与的节点在预设规则下，通过多个节点交互对某些数据、行为或流程达成一致的过程。共识机制是指定义共识过程的算法、协议和规则。区块链的共识机制具备"少数服从多数"以及"人人平等"的特点，其中"少数服从多数"并不完全指节点个数，也可以是计算能力、股权数或者其他的计算机可以比较的特征量。"人人平等"是当节点满足条件时，所有节点都有权优先提出共识结果、直接被其他节点认同后并最后有可能成为最终共识结果。

2. 非对称加密技术

区块链通过非对称加密技术来解决系统中各节点之间的信任问题。非对称加密算法会产生两个密钥：公开密钥和私有密钥，每个节点均有属于自己的公钥和私钥，公钥会在全网中广播给其他节点，私钥只有节点自己拥有。如果用私钥对数据进行加密，则需要使用对应

84

的公钥进行解密，同样地，若节点用公钥对数据进行加密，则需要使用对应的私钥进行解密。在交易中的节点通过私钥对数据进行数字签名，其他节点可通过公钥解密确认数据来源的真实性。

3. 分布式数据存储

区块链中的分布式存储是参与的节点各自都有独立的、完整的数据存储。跟传统的分布式存储有所不同，区块链的分布式存储的独特性主要体现在两个方面：一是区块链每个节点都按照块链式结构存储完整的数据，传统分布式存储一般是将数据按照一定的规则分成多份进行存储。二是区块链每个节点存储都是独立的、地位也是等同的，依靠共识机制保证存储的一致性，而传统分布式存储一般是通过中心节点往其他备份节点同步数据。数据节点可以是不同的物理机器，也可以是云端不同的实例。

6.3　电网大数据分析与挖掘应用案例

6.3.1　数据挖掘及机器学习在电网大数据中的应用

1. 配电网监测应用

（1）95598 工单预测：基于历史数据预测出下一期的工单，当下月预测工单数高于本月或历史平均30%时，可提醒客户服务中心、调度控制中心、配网抢修中心、检修公司等部门增派值班人员和相应的抢修物资，用于应对可能增加的工作量，相关算法及模型如图 6-7 所示。

（2）95598 工单全口径预测：针对目前本市部分地区部署 APP 的现状，根据已使用 APP 统计地区的数据，预测推广至全市所有地区。此数据可以用来帮助客户服务中心、调度控制中心等部门掌握全市工单预测数据，从而对全市的供电可靠性、配网运行情况整体掌握，其预测流程图如图 6-8 所示。

（3）抢修承载力、高低压及费用预测：根据不同地区日阈值预测结果，可以合理分配人力资源，按实际需求将运维、抢修人员安排至

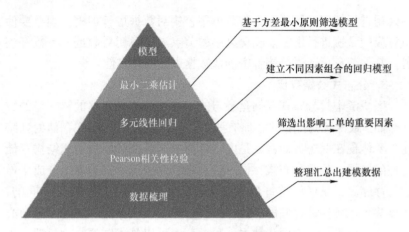

基于方差最小原则筛选模型

建立不同因素组合的回归模型

筛选出影响工单的重要因素

整理汇总出建模数据

图 6-7　95598 工单预测算法及模型

瓯北动态系数
基于APP导出数据，截取瓯北供电所下的工单，计算瓯北动态系数。

海霞动态系数
基于市区95598工单和市区海霞故障工单计算海霞动态系数。

95598工工单
汇总整理出其他非APP地区，95598工单数。

全口径工单
利用非APP地区95598工单数与相应模型下的动态系数的积表示该地区全口径工单数。

图 6-8　95598 工单全口径预测流程图

各个工区，并为各个工区的人员需求情况提供参考；预测不同地区不同月份的高低压工单数的占比情况，可用于检修部门、调度部门对故障的类型和比例有一个整体掌握，当下月的比例出现较大变化时，可提醒相关部门提前做出计划安排，用于应对可能发生的故障变化；费用预测是基于高低压占比模型的基础上建立的，因此，当单位成本合理时，只需要保证高低压占比模型合理即可，费用预测模型可以提供一个地区大致的费用情况，为费用预算、人员配备提供重要信息。

（4）抢修热点监测：建立工单预测模型，预测未来抢修热点分布，如图6-9所示（见彩插），实现被动式抢修向主动式抢修的转变。

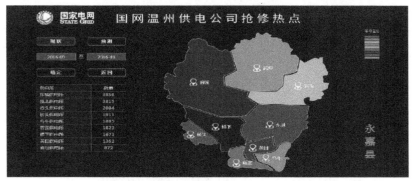

图6-9　抢修热点图

2. 配电网投资效益及效能应用

（1）用户用电需求分析：确定用户用电需求监测指标：供电可靠率、电压合格率、三相负荷不平衡率、最大负载、扩容需求、新增用户需求、新能源利用、新型用电形式（电动汽车）、95598工单（故障工单、投诉工单）数量、故障修复时间、供电区基本情况（人口、面积、户数、行业、GDP、气温）等。用户用电需求趋势图如图6-10所示。工单热力图见图6-11所示（见彩插）。

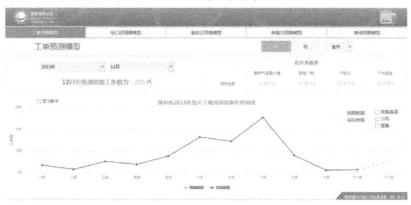

图6-10　用户用电需求趋势图

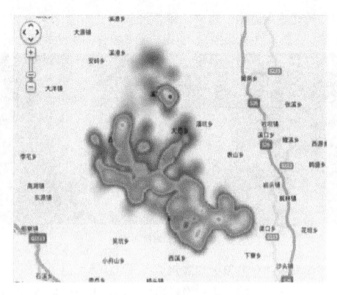

图 6-11　工单热力图

（2）配网运营效能分析：确定配网运营效能监测指标：反映台区、馈线、区域配网运营效能的指标（设备水平、供电能力、电网结构）；分析配网运营效能：计算配网运营效能的指标（设备水平、供电能力、电网结构），发现配网运营的薄弱环节。

6.3.2　知识图谱技术在电网大数据中的应用

国家电网公司对电网的信息化水平，尤其是对于数据资产的深入挖掘与利用提出了更高要求。全业务统一数据中心虽然统一采集数据，但没有建立数据之间的关联性，无法跨专业贯通，对电网的数据进行采集和存储，没有对数据进行较好的数学表达，数据资源无法被智能分析与管理。因此将知识图谱应用于全业务统一数据中心，构建数据之间的关联性，从而建立语义级互操作的统一数据服务，实现电网数据的高效、智能化查询及保证企业数据的跨业务贯通，助力于公司经济效益提升，为公司全业务统一数据中心的数据分析模块提供知识基石。

1. 电力知识图谱的构建

将知识图谱应用于国网开发的全业务统一数据中心中，首先通过人为定义和语义描述算法对全业务统一数据中心的电网数据进行知识抽取，并消除异构数据中的实体冲突，之后使用 ProjE 知识融合算法计算知识实体间详细的关系，构建三元组保存至知识图谱库中，从而实现数据搜索的智能化。

（1）知识抽取：知识图谱技术可以将各类数据进行知识抽取，实现电网数据的融合规范。针对结构化数据，使用 MPP 采集模型进行数据采集并构建正则表达式进行知识抽取；针对半结构化数据，则使用 Hadoop 大数据技术进行数据采集，然后通过正则表达式和数据指标抽取实体；针对非结构化数据，采用基于语义标注的 POS - CBOW 关联算法实现电网资源知识实体和关系的抽取，知识抽取结构图如图 6-12所示。

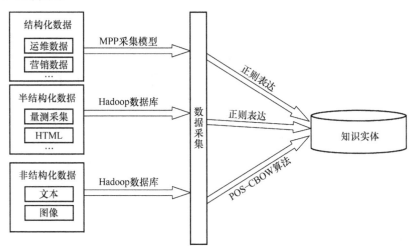

图 6-12　电网数据资源的知识抽取结构图

（2）知识融合：在对电网各类型数据进行采集并获得数据的知识实体后，需要准确计算各实体之间的关系并构建电网知识三元组，主要采用的是 ProjE 算法计算三元素的两个已知元素的关联矩阵，再与候选实体进行距离计算，并把预测任务转换为对候选实体的排序问题，将每个候选实体放入待定三元组中进行测试，从而选择最优实体。ProjE 算法流程图如图 6-13 所示。

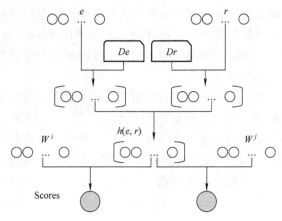

图 6-13　ProjE 算法流程图

2. 基于知识图谱的全业务统一数据中心模型

基于全业务统一数据中心的知识图谱整体构建模型如图 6-14 所示，知识图谱服务逻辑上属于全业务统一数据中心的分析域，位于统一存储服务和统一分析服务之间。电网资源中的结构化、半结构化和非结构化数据一起为知识图谱的构建提供原始数据，然后通过知识图谱的实体抽取和知识融合计算三元组并保存到知识图谱库。在搜索引擎上进行搜索的结果展示如图 6-15 所示，知识图谱技术可以根据检索信息返回准确、直观、更有深度的结果，为之后的决策提供条件和依据。

6.3.3　区块链技术在电网数字资产管理中的应用

电网大数据体量大、种类多、数据源分布广泛、产生速度极快，继续使用传统集中式的数据管理方法效率低下且安全性较低，同时还会严重影响企业对电网大数据价值的挖掘。而区块链技术的产生，给电网大数据的数字资产管理提供了一条新的技术路径。通过采用分布式共识机制、链式区块结构、非对称加密算法等技术可实现区块链去

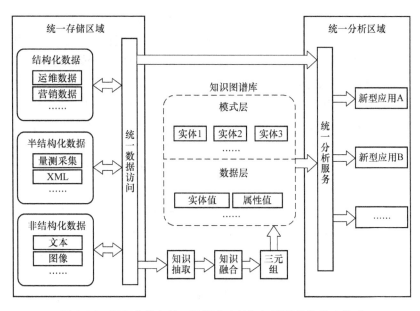

图 6-14 基于全业务统一数据中心的知识图谱整体构建模型

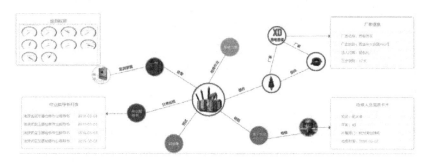

图 6-15 知识图谱智能搜索视图

中心化、去信任化、信息可溯源以及信息难以篡改等特点，与电网大数据的数据特点以及管理需求十分吻合。

1. 数字资产管理待解决的问题

数据收集质量问题 由于电网大数据分布范围广，需由各地市公司分散完成数据的采集和上传工作，但地市公司缺乏交流，为确保各

电网大数据处理技术

地市公司收集到的数据在格式以及定义上得到统一，往往需要中心机构给出数据的标准定义，但由于电网公司层级式的管理特点，中心机构与底层地市公司之间的信息传递不畅，容易出现信息传递缓慢甚至失真的严重情况，致使各地市公司对数据的理解不一致，其收集的电网数据也就无法统一，使得数据难以用于分析应用。另外，由于电网数据收集监管机制松散，没有切实可行的奖惩制度和数据校验方法，数据采集过程中容易出现工作人员消极怠工，不根据现场勘测实际情况进行数据填报，或者私自伪造项目数据，导致电网数据可信度极低，降低数据的可利用价值。

数据分享问题　发挥电网大数据价值的必要环节是对电网大数据的开发利用，而对电网数据的访问和共享是对其进行开发利用的基础，例如，研究机构在与电网企业合作进行项目研究时，需要实际电网大数据对其理论研究进行验证支撑。地市公司在处理自己地区电网出现的问题时，需要借鉴和分析其他地区电网的数据。而由于电网企业层级式的管理架构以及分享过程中的信任问题，研究机构和电网公司在访问和共享电网数据时存在严格的限制，这一过程需要花费大量的人力资源和时间用于权限审查和数据校验，严重影响了对电网大数据的价值挖掘。

数据安全问题　数字资产是企业重要的私有资产，数字资产的安全性若得不到保障，会给企业带来巨大的损失，电网企业更是如此。电力行业作为关系到国家民生的行业，其拥有的数字资产若遭到恶意盗取，不仅会使电网企业遭受损失，还会对电力市场造成不良影响，所以，电网大数据的安全保障是一项不可忽视的工作。当前电网企业采取的安全保护措施主要是对数据进行对称加密存储与传输，然而这种加密方法易于破解，且为降低被破解的概率，需要定时对其进行升级，但其成本和效用均不理想。

2. 核心技术

改进的电网 DPOS 共识机制　与加密货币比特币不同，电网大数据属于电网企业内部数字资产，有严格的权限审查，故不能在公有链中对其进行管理。而联盟链网络的准入规则与电网数字资产管理理念吻合，所以采用联盟链的形式构建用于管理电网大数据的区块链。在联盟链中使用较多的共识机制为股份授权证明（Delegated Proof – of – Stake，DPOS），其基本原理是通过区块链系统中所有节点公平投票产生 101 个节点作为"受托人"负责轮流签署产生新的区块，并在后续的运营过程中根据各节点的表现情况决定是否重新进行投票。

电网 DPOS 共识机制　在初始化节点时，对系统中所有节点进行考核评分，考核内容包括对电网数据的收集积极性、数据错漏率、电网运营情况等，根据评分对各节点进行排序，前 101 个节点作为首次签署区块的"受托人"，在此统称为数据记录节点。为了对产生的区块进行二次校验，确保数据的真实性、可信性，选取 101 名之后的前 20 个节点作为数据监督节点，剩下的节点则称为候选节点。完成对系统内节点的初始化之后，给所有节点设置一个信用积分，并赋予初始化。

3. 解决方案

（1）数字资产记录：通过区块链式存储结构和改进的 DPOS 共识机制使系统中数据记录过程受整个区块链系统中所有节点共同监督。

（a）节点采集本地区电网中的电网数据，并以自己的公钥作为标识，向当值数据记录节点提交上传请求。

（b）当值的数据记录节点对该节点的公钥进行验证，确认该节点具有上传数据的权限，并回复接收上传数据的请求。

（c）节点用自己的私钥对数据的摘要进行数字签名，并用当值的数据记录节点的公钥对数据进行加密。

（d）当值的数据记录节点通过自己的私钥解锁加密数据，并用数据上传节点的公钥解锁签名，将摘要与数据原文的 hash 值进行对比。确认数据由该节点上传，将数据摘要以及数据上传节点的签名记录在区块中，并将加密数据存储于分布式数据库中。

（e）每隔 10min，当值的数据记录节点计算区块中数据记录的 Merkle 树以及 Merkle 根值，并将自己的公钥注明在区块头上，然后将区块随机广播给当值的数据监督节点以及 2 个候选节点进行校验。

（f）当值的数据监督节点和 2 个候选节点校验区块通过，向当值的数据记录节点发送认可信息。

（g）当值的数据记录节点将新生成的区块链接到数据区块链中。

（2）数字资产分享：基于区块链的数据分享过程在节点之间直接进行，不需要第三方的介入，分享流程如图 6-16 所示。

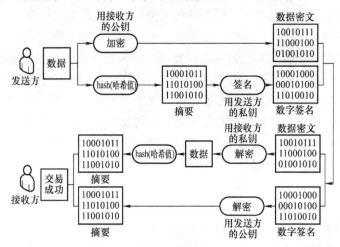

图 6-16 基于区块链技术的数据分享流程

（3）数字资产安全：通过非对称加密技术，将数据用数据所有者的私钥加密存储于数据库中，即使数据库被黑客入侵，盗取了加密存储的数据密文，没有数据所有者独有的私钥便无法对密文进行解密，防止了数据的外泄。同时，由于每份数据均进行了备份，并存储于分布在不同区域的存储单元中，对单一或少数几个数据库的攻击或毁坏并不会影响整体数据的使用和恢复。

4. 基于区块链技术的管理构架

基于区块链技术的数字资产管理架构由分布式数据库、信用积分系统、数据区块链、数据记录节点、数据监督节点、候选节点以及第三方用户组成。在该管理架构的基础上，通过结合改进的 DPOS 共识机制以及信用积分体系，可实现对电网大数据整个生命周期创建、采集、组织、存储、利用以及清除各个环节的高效管理，同时保证了数据的安全性和可靠性，其管理架构图如图 6-17 所示。

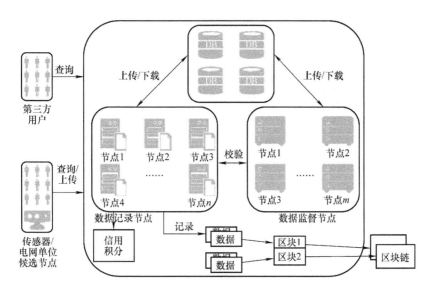

图 6-17　基于区块链技术的数字资产管理架构图

7 第 7 章
电网大数据可视化技术

　　可视化技术是大数据核心技术之一，其主要目标是在大数据自动分析挖掘方法的同时，利用支持信息可视化的用户界面来支持分析过程的人机交互，它有效融合计算机的计算能力和人的认知能力，以获得大规模多源异构数据集的视觉感知。本章首先介绍可视化技术的基本概念，其次讨论面向大数据主流应用的信息可视化技术分类，最后给出几种电网大数据应用场景的可视化案例，包括实现技术及展示效果等。

7.1 可视化技术的基本概念

　　可视分析是信息可视化、人机交互、认知科学、数据挖掘、信息论、决策理论等研究领域的交叉融合所产生的新的研究方向。根据Thomas 和 Cook 在 2005 年给出的定义：可视分析是一种通过交互式可视化界面来辅助用户对大规模复杂数据集进行分析推理的科学与技术。可视分析的运行过程可以看作数据→知识→数据的循环过程，中间经过两条主线：可视化技术和自动化分析模型，从数据中洞悉知识的过程主要依赖两条主线的互动与协作。

　　大数据可视分析是指在大数据自动分析挖掘的同时，利用支持信息可视化的用户界面以及支持分析过程的人机交互方式与技术，有效融合计算机的计算能力和人的认知能力，以获得对于大规模复杂数据集的洞察力。如图 7-1 所示。

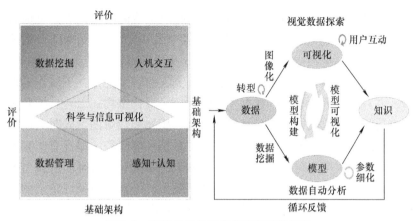

图 7-1　可视分析的概念范畴和运行机制

信息可视化的理论模型

Card 认为，信息可视化是从原始数据到可视化形式再到人的感知认知系统的可调节的一系列转换过程，其中包括：

（1）数据变换将原始数据转换为数据表形式；

（2）可视化映射将数据表映射为可视化结构，由空间基、标记以及标记的图形属性等可视化表征组成；

（3）视图变换则将可视化结构根据位置、比例、大小等参数设置显示在输出设备上。

用户根据任务需要，通过交互操作来控制上述 3 种变换或映射。图 7-2 是经典的信息可视化参考模型。

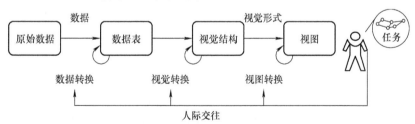

图 7-2　信息可视化参考模型

该模型中的关键变换是可视化映射。从基于数学关系的数据表映射为能够被人视觉感知的图形属性结构。数据本身并不能自动映射到几何物理空间，因此需要人为创造可视化表征或隐喻来代表数据的含义，并且根据建立的可视化结构特点设置交互行为来支持任务的完成。可视化结构在空间基中通过标记以及图形属性对数据进行编码。可视化映射需满足两个基本条件：一是真实的表示并保持了数据的原貌，并且只有数据表中的数据才能映射至可视化结构；二是可视化映射形成的可视化表征或隐喻是易于被用户感知和理解的，同时又能够充分地表达数据中的相似性、趋势性、差别性等特征，即具有丰富的表达能力。在信息可视化 20 多年来的发展历程中，如何创造新型并且有效的可视化表征以达到一眼洞穿的效果，一直是该领域追求的目标和难题，在大数据时代仍然是信息可视化领域的关键所在。

此外，信息可视化可以理解为编码（encoding）和解码（decoding）两个映射过程：编码是将数据映射为可视化图形的视觉元素如形状、位置、颜色、文字、符号等；解码则是对视觉元素的解析，包括感知和认知两部分。一个好的可视化编码需同时具备两个特征：效率和准确性。效率指的是能够瞬间感知到大量信息，准确性则指的是解码所获得的原始真实信息。

7.2 可视化技术分类

大数据可视化技术涉及传统的科学可视化和信息可视化，从大数据分析将掘取信息和洞悉知识作为目标的角度出发，信息可视化技术将在大数据可视化中扮演更为重要的角色。根据信息的特征把信息可视化技术分为一维信息、二维信息、三维信息、多维信息、层次信息、网络信息、时序信息等。

随着大数据的兴起与发展，互联网、社交网络、地理信息系统、企业商业智能、社会公共服务等主流应用领域逐渐催生了几类特征鲜明的信息类型，主要包括文本、网络图、时空以及多维数据等。

1. 文本可视化

文本信息是大数据时代非结构化数据类型的典型代表，是互联网中最重要的信息类型，也是物联网改革中传感器采集后生成的主要信息类型。电网企业在信息化工程的建设过程中积累了海量的文本信息，例如电力生产管理系统、舆情系统及客服服务系统等。文本可视化的意义在于，能够将其中蕴含的语义特征（例如词频与重要度、逻辑结构、主题聚类、动态演化规律等）直观地展示出来。

典型的文本可视化技术是标签云将关键词根据词频或其他规则进行排序，按照一定规律进行布局排列，用大小、颜色、字体等图形属性对关键词进行可视化，词云示例图如图 7-3 所示（见彩插）。

图 7-3　词云示例图

文本的形成与变化过程与时间属性密切相关，因此，如何将动态变化的文本中时间相关的模式与规律进行可视化展示，是文本可视化的重要内容。引入时间轴是一类主要方法，如图 7-4 所示（见彩插），用河流作为隐喻，河流从左至右流淌代表时间序列，将文本中的主题以不同颜色的色带表示，主题的频度以色带的宽窄表示。

2. 网络（图）可视化

网络关联关系是大数据中最常见的关系，例如互联网与社交网络。层次结构数据也属于网络信息的一种特殊情况，基于网络节点和连接的拓扑关系，直观地展示网络中潜在的模式关系，例如节点或边

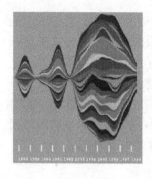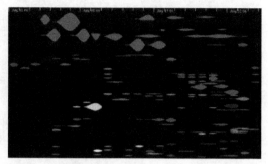

图 7-4　事件河流图

聚集性，是网络可视化的主要内容之一。对于具有海量节点和边的大规模网络，如何在有限的屏幕空间中进行可视化，将是大数据时代面临的难点和重点。除了对静态的网络拓扑关系进行可视化，大数据相关的网络往往具有动态演化性，因此，如何对动态网络的特征进行可视化，也是可视化技术研究中的重要方向。

目前已存在大量的网络（图）可视化技术，其中经典的基于节点和边的可视化是图可视化的主要形式，以层次特征展示为典型技术，其中包括 H 状树、圆锥树、气球图、放射图、三维放射图及双曲树、空间填充法等，如图 7-5 所示。事实上，电网本身就是一个错综复杂的网络结构，可以根据不同的粒度从电网中抽象出节点和边，比如将电网中的电塔抽象为节点，电塔之间的输电线抽象为边，就可以得到如图 7-6 所示的电网关联可视化示例。

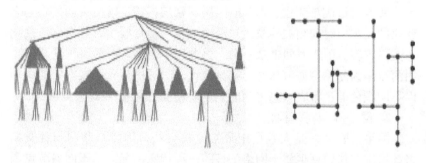

图 7-5　基于节点和边的可视化示例图

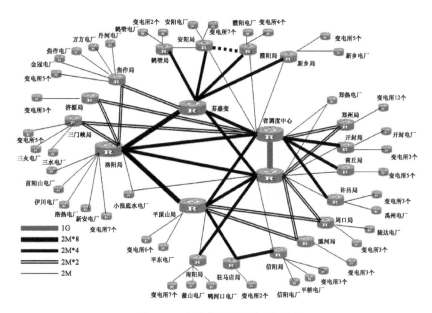

图 7-6　电网关联可视化图示例

3. 时空数据可视化

时空数据是指带有地理位置与时间标签的数据。随着传感器与移动终端的迅速普及，使得时空数据成为大数据时代典型的数据类型。时空数据可视化与地理制图学相结合，重点对时间与空间维度以及与之相关的信息对象属性建立可视化表征，对与时间和空间密切相关的模式及规律进行展示，如图 7-7 所示。大数据环境下时空数据的高维性、实时性等特点，也是时空数据可视化的重点。

为了反映信息对象随时间进展与空间位置所发生的行为变化，通常通过信息对象的属性可视化来展现。流式地图是一种典型的方法，将时间事件与地图进行融合。

4. 多维数据可视化

多维数据可视化是将多维的原始数据或处理后的数据进行直观呈现的技术。目前该项技术已经被广泛应用于各领域的商业智能分析与辅助决策中。该技术主要包含基于几何的技术、基于降维映射的技

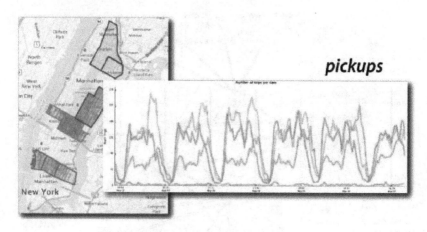

图 7-7 时空数据可视化示例图

（上图是一个时空可视化图的展示例子，左边是空间图，右边是随着时间变化，
空间区域的人数的变化波动情况，结合了时间和空间这两个维度的可视化图。）

术、基于层次的技术、基于像素的技术、基于图标的技术和基于图形的技术等。

（1）基于几何的技术：平行坐标系技术是基于几何的技术中最具有代表性的一个。其基本思想是将多维数据的 N 个维度属性以等距竖直的 N 条平行坐标轴的形式来表现，每条平行轴线对应于一个属性维。多维数据的各维属性值在 N 条坐标轴上都能找到对应的点，将这 N 个点连接成一条折线，就代表了一个多维数据点，如图 7-8 所示。该方法适用于数据量较小但是维数较多的数据集，在离群点的挖掘上有相当好的表现，一旦数据量大到一定程度，折线交叠问题就相当严重，同时在维数较大时，难以分辨各维属性间的相关性。

散点图方法适用于二维或三维数据的可视化，能发掘出两个变量之间的关联，如图 7-9 所示。散点图矩阵的基本思想是将多维数据的各维变量两两组合作为矩阵中的一个元素，在每个元素中绘制相应变量的散点图，以此对各维度变量进行两两比较，进而得到隐含的信息。这种方法的一大优点在于不易受到数据集大小的限制，而且由于是从两两比较中获得信息，因而并不一定要求同时将所有元素呈现在

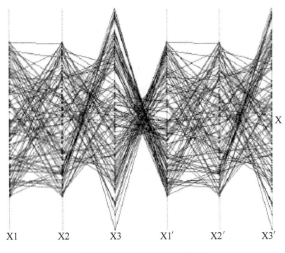

图 7-8　平行坐标系技术

视区内，大大降低了因维数增加而导致的可视化难度。但是由于其元素总是在两个维度之间展开，所以在更多维度关系、联系上的挖掘略显疲软。

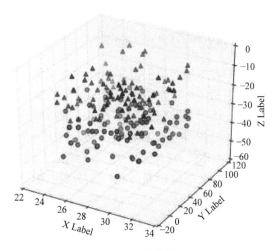

图 7-9　散点图

（2）基于层次的技术和面向像素的技术：基于层次的技术其基本思想是将多维空间划分为多个子空间，并对这些子空间以层次结构进行组织，并整合呈现在一个图形上。基于层次的可视化方法多利用树形结构，可以直接应用于具有层次结构的数据，也可以对数据变量进行层次划分，在不同层次上表示不同的变量值。基于层次的可视化技术包括维堆、树图及维嵌套等，图 7-10 的冰柱图是树图的一种（见彩插）。

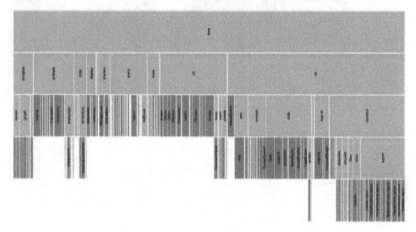

图 7-10　冰柱图 – 基于层次的技术

面向像素技术的基本思想是根据多维数据的维数，将高维空间划分为多个子窗格，它用每一个窗格对应该多维数据集的一个维度，并把每个像素点作为一个多维数据点，在不同的窗格中根据不同的属性值赋予不同的颜色。面向像素技术对每一维只使用一个像素，它能在屏幕中尽可能多地显出相关的数据项。面向像素的技术包括递归模式技术、圆环分段技术等，图 7-11 就是圆环分段技术可视化图（见彩插）。

（3）基于图标的技术和基于图形的技术：基于图标的技术的基本思想是用具有多个易于识别的特征图标来表达多维度信息，一组图标的每一个特征都可以用来表示多维信息的一维。技术有星绘法和Chernoff 面法，如图 7-12 所示。此类技术适用于维数不多的多维数据集，结果直观，在具有特别维度属性时有特别好的表现。该方法的缺

图 7-11　圆环分段技术可视化图

点在于适应度不够高。

　　基于图形的技术往往可视化呈现得到一张完整的图形，图形中的点与线的类型、大小、颜色等都可以用来表示数据与数据之间的关系。此类技术有多线图法和 SurveyPlot 等。这类技术适用面较广，可视化结果往往色彩丰富，易于理解。

　　（4）基于降维映射的技术：基于降维映射的技术的基本思想是将多维数据看作是同一维度空间中的点，其坐标根据相应的维度属性值来确定，再将该维度空间中的点映射到低维可视空间中，同时尽可能保持数据点间的某种关系不变。基于降维映射的技术包括主成分分析、多维尺度变换、自组织映射、等距映射及局部线性嵌套等。图 7-13 为主成分分析图示例。

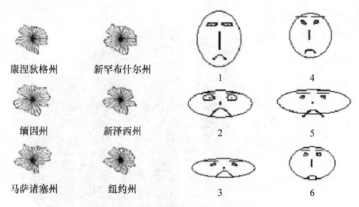

康涅狄格州　新罕布什尔州

缅因州　新泽西州

马萨诸塞州　纽约州

图 7-12　星绘法和 Chernoff 面法

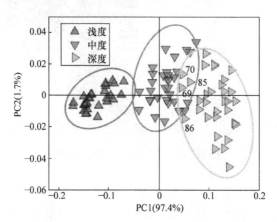

图 7-13　主成分分析图示例

7.3　电网大数据应用场景的可视化案例

1. 运维数据可视化

随着智能电网的广泛建设，智能配网技术得以不断突破，由于高精度配电网终端数据接入配电自动化系统，解决了以往终端信息缺失的弊端，从而使得电网运维数据更加的全面，同时具备时序性、快捷性、高维性的特点。对电网运维数据进行可视化分析，可以在系统主参数及配网终端数据的基础上，利用信息可视化技术手段，构建一个全景的电网运维信息拓扑图，丰富信息的展现形式，实现设备运行状况的在线检查与分析，实现用户用电行为特征分析与预测等，如图 7-14 所示。

运监数据可视化，是通过对数据的深入分析，以大屏形式展示当前系统的运行情况，查看系统是否有异常、险情等，通过大屏清楚显示系统运行状态，当发生异常时，以便相关部门能够及时感知，紧急处理故障等，如图 7-15 所示。

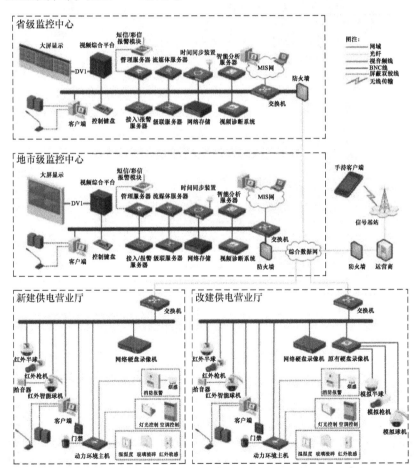

图7-14　全景的电网运维信息拓扑图

图 7-15 运监数据可视化示例图

2. 电网企业用户数据可视化

电网企业用户的数据来源于布设广泛的智能用电采集装置,采集的用户数据量呈几何级增长。对电网企业用户的数据进行可视化分析,可以结合地理信息系统,绘制全方位的地区电力用户地图,并将此电力用户地图有限制性的向社会公众开放,实现用户的用电互动服务,实时反馈用户用电信息。另外,还可以通过将用户用电信息与用户地理方位、行业进行划分,并逐一对应,实现对用户用电行为与用电负荷特性进行可视性分析，如图 7-16 所示。

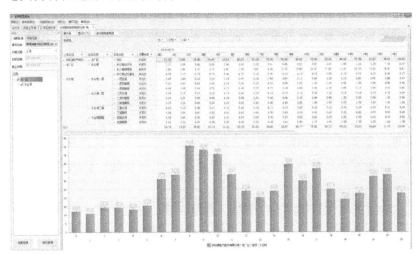

图 7-16　电力负荷统计图

3. 电网企业管理数据可视化

　　电网企业管理数据涉及各个业务流程节点，数据复杂多样且呈现结构化的特征。电网企业可根据各业务系统的特点进行可视化分析。例如对财务管理系统的业务数据，可根据现金流量的特点，绘制现金流量图，并实现动态查询与分析；对电网企业全面管理数据的可视化分析，可以根据企业经营目标为导向，以各业务流程为脉络，理清各业务流程之间的逻辑关系，对企业的各业务流程进行梳理，构建企业经营管理在线监测信息拓扑图，实现电网企业全面管理信息可视化。

　　浙江电网全景展现系统以通信、计算机网络、视频监控、数据提取、转换和加载等技术为基础，具备变电站、输电线路视频监控、电网综合信息展现、气象综合信息展现、地理信息系统（GIS）展现等功能，涵盖了电网、设备、环境、用户等各电网企业要素的统一展现平台。系统汇集了支持信息集成与智能分析等应用功能的多专业系统（调度、生产、应急、营销、人资、物资、气象、雷电、GIS、视频等）数据及应用服务，通过统一的应用服务调用及标准的数据接口方式，分别与各专业系统和数据中心实现信息交互。数据中心作为实时数据和管理数据的集中整合平台，是承担着电网全景展现系统与多平台间数据共享与交互的平台，通过一系列规范来实现电网统一模型与调度、生产、气象、视频等专业系统数据的融合，并提供统一的数据接口服务和基于面向服务架构的应用服务调用功能。

视频监控由上至下包括省公司部分、市供电局/集控中心部分、移动视频部分和站端线路现场信号采集部分等 4 部分组成。现场信号采集部分实现对变电站、输电线路现场环境、设备等信息进行视频采集，并将采集后的视频通过网络方式在集控中心进行数据的汇集和转发。

综合展现平台包括 GIS 展现、视频展现、页面展现和图形展现等展示形式及基于平台的展示形式融合业务条线形成的综合业务场景，主要对由智能信息集成平台和视频监控系统提供的业务数据和视频数据进行综合展现。

电力系统拥有海量的多源异构数据，这些数据需要存储在数以万计的集群中，如何监控集群节点状态，怎样保证数据交换有序通畅，是公司运监中心必须要解决的难题。Ganglia 是一个开源集群监视项目，Ganglia 的核心包含 Gmond、Gmetad 以及一个 Web 前端。主要是用来监控系统性能，如：CPU、mem、硬盘利用率，I/O 负载、网络流量情况等，如图 7-17 所示。通过曲线很容易见到每个节点的工作状态，对合理调整、分配系统资源，提高系统整体性能起到重要作用。

对于电力大数据分布式系统而言，实时监控系统的运行状态是非常重要的，Ganglia 可以无缝连接到 Hadoop 和 HBase 集群，如图 7-18 所示。通过简单的配置文件就可以使用可视化组件对分布式系统各个节点和进程进行监控分析。

从图 7-19 中可以很直观地看到，Ganglia 监控系统主要包含：Gmond、Gmetad、Rrdtool、Apache、PHP 和 Web 页面组成，集群节点监控步骤如下：

- 在要收集的数据的每个节点安装 Gmond，主要用来收集节点的

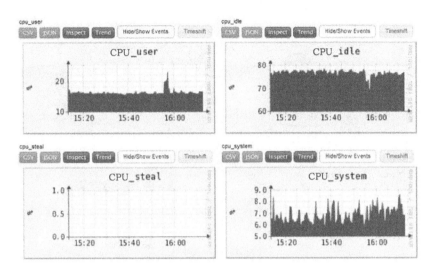

图 7-17　CPU 运行监控图

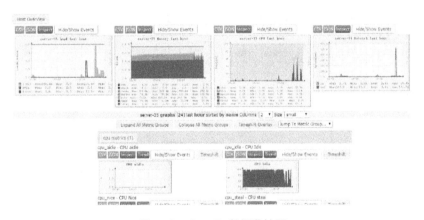

图 7-18　Ganglia 数据监控图

信息以及存储信息；

  ● 在需要监控的节点上部署 Gmetad，使用轮询方式搜集 Gmond
的信息，并保存到磁盘上；

  ● 安装 Apache Web 服务器和 PHP，构建 Gweb 执行环境；

电网大数据处理技术

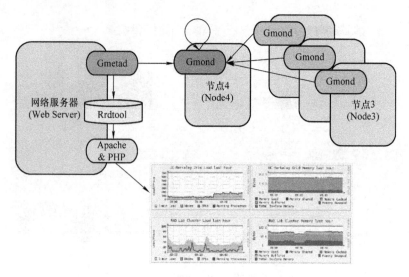

图 7-19　Ganglia 架构图

- 安装 Gweb，以 Web 的形式展示集群运行情况。

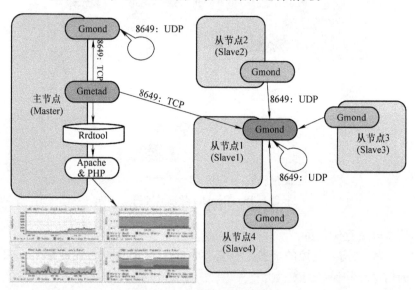

图 7-20　Ganglia 模块通信图

● Gmond 用于节点信息的收集和存储。收集，使用 Gmond. conf 的 udp_ rev_ channel 来配置需要收集的节点信息；存储，使用 Gmond. conf 的 udp_ send_ channel 来配置需要存储的节点信息，各个 Gmond 节点之间的信息发送接收主要用 udp 协议。

● Gmetad 用于轮询 Gmond 节点存储的信息。Gmetad 以配置轮询的 Gmond 节点，通过 source 参数配置。这里的 Gmond 节点就是上面 udp_ send_ channel 所配置的节点，可以是 hostname 或者 ip。

● Rrdtool 用于存储数据并画图。Rrdtool 把 Gmetad 轮询收集到的数据持久化磁盘文件中，并且还可以利用这些数据画图，更加直观清晰地展示系统运行状态。

● Gmetad 负责周期性的到各个数据源收集各个分类数据，并更新到 Rrd 数据库中。可以把它理解为服务端，Gmond 收集本机的监控数据，发送到其他机器上，收集其他机器的监控数据回传到本机，Gmond 之间通过 UDP 通信，传递文件格式为 xdl。收集的数据供 Gmetad 读取，默认监听端口 8649，监听到 Gmetad 请求后发送 xml 格式的文件。可以把它理解为客户端。Gmetad 默认将指标数据直接写入文件系统上的 RRD 文件，在有 I/O 限制的大型装置中，Rrdcached 充当 Gmetad 和 RRD 文件之间的缓存，如图 7-21 所示。

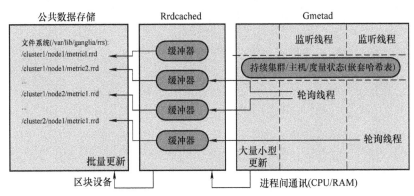

图 7-21　Gmetad IO 结构图

Gweb 是最容易配置，也是需要配置最少就能工作的守护进程。

电网大数据处理技术

实际上，不需要改变 Gweb 的任何默认配置，Gweb 就可以启动并运行功能齐全的 Web 客户端。

一个基于 Web 的监控界面，通常和 Gmetad 安装在同一个节点上（还需确认是否可以不在同一个节点上，因为 PHP 的配置文件中 ms 可配置 Gmetad 的地址及端口），它从 Gmetad 读取数据，并且读取 RRD 数据库，生成图片并显示出来，如图 7-22 所示。

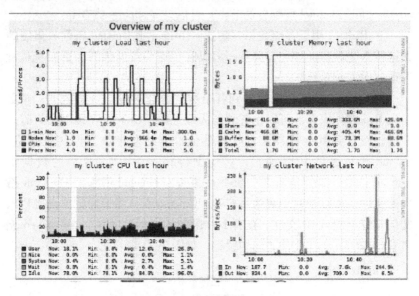

图 7-22　数据集群总体监控图

114

第8章

电网大数据归档与销毁技术

本章主要介绍电网大数据归档与销毁技术及国家电网针对相关技术制定的管理制度与技术标准。

8.1 数据归档

数据归档是将不经常使用的数据移到一个单独的存储设备来进行长期保存的过程。数据归档由旧的数据组成，但它是以后参考所必需且很重要的数据，其数据必须遵从规则来保存。数据归档具有索引和搜索功能，这样可以很容易地找到文件。

数据归档的方式主要分为定期数据归档和不定期数据归档：

1. 定期数据归档

该类数据归档的数据对象，主要针对电网企业长期积累的业务数据，由于每日数据量的不断增加，需要对该类数据进行定期、定时的数据归档操作，使得数据归档自动化、定期化，以保证应用系统及系统资源的高效使用。

2. 不定期数据归档

该类数据归档主要针对电网企业应用系统中数据量较大的数据，或使用非常频繁的数据，采取不定期的集中数据归档，保证对系统及应用资源的影响最小。数据归档将通过反复论证及调试，总结经验，形成一套规范，一项制度，将数据归档纳入日常运行范畴，使得数据清理自动化、定期化、定量化，形成一套完整的数据清理及归档规范制度。

数据归档体系在电网企业系统上的成功应用，不仅能够提高电网企业信息化的整体技术水平，合理地规划和使用数据资源，实现电网企业不同业务平台之间的高效访问，还能突破大型数据库数据归档及数据管理的关键技术，逐步掌握对电网企业系统数据定期归档、硬盘管理规划、数据库性能、生产数据的流程管理技术，从而提高电网整体数据管理系统运行稳定性、高效性、可靠性。达到系统各平台应用测试及数据平滑迁移的高效性、稳定性。填补了数据归档管理信息系统与产销生产系统之间的空白，也必将给电网企业创造出更加巨大的经济效益和社会效益。

8.2 数据恢复与销毁

随着时间的推移，部分数据可能已经失去了使用和保存价值，为了节省存储成本达到归档要求，应该按照公司相关规定对待销毁数据进行彻底销毁。数据销毁是指将存储介质中的数据彻底删除，必要时需要销毁存储介质，避免非法分子利用存储介质中的残留的数据信息恢复原始数据信息，从而达到保护敏感数据的目的。

1. 数据销毁技术

数据销毁技术分为逻辑销毁以及物理销毁两种情况，而逻辑销毁通常称为"数据擦除"。数据擦除是指对存储介质内电子数据进行破坏，而保障存储介质可继续使用的能力，而物理销毁分为一级和二级。一级销毁：存储介质销毁后形成的残留物或残片上，采用现有技术无法恢复出有价值的信息，可直接废弃；二级销毁：存储介质销毁后形成的残留物或残片上仍含有信息，在信息涉密程度许可的情况下可以使用。

2. 国家电网数据恢复销毁管理规定和技术标准

（1）管理规定：为加强和规范公司数据恢复与销毁工作，国家电网公司办公厅已经颁布了文件：办信通〔2014〕54 号《国家电网办公厅关于规范公司电子数据恢复、擦除与销毁工作的通知》，还推出了企业技术标准《国家电网公司非国家秘密电子数据销毁、清除和恢复技术要求》，规范公司电子数据恢复、擦除与销毁工作的各种要求。

（2）技术标准：国家能源局下达了 2015 年能源领域行业标准制修订计划（国能科技〔2015〕283 号），中国电力联合会依据此计划转发电力行业 2015 年电力行业标准制（修）订计划（中电联标准〔2015〕159 号），国家电网公司正式承担"电子数据恢复设备检测技术规范"、"电力行业电子数据恢复和销毁技术要求"和"电子数据擦除、销毁设备检测技术规范"等三项电力行业标准的起草制定。

第 9 章
电网大数据安全与隐私保护

随着信息技术在电力领域的深入应用，智能电网深度融合了传统电网和云计算、人工智能等技术。然而，随着智能电网开放性的增加，用户的各种信息及隐私性面临着安全隐患。同时，智能电网具有复杂、强耦合、强相关等特性，因此数据安全及隐私保护的研究具有重要的现实意义。本章首先介绍电网大数据所面临的安全风险，其次介绍电网大数据的相关安全技术，最后介绍电网用户信息隐私保护技术及方案。

9.1 电网大数据面临的安全风险

随着全球能源互联网重要战略的实施，"互联网＋"智慧能源的快速发展，智能电网（尤其是微网、智能配电网、智能电表）的全面建设，使电网大数据地理分布面更广、数据采集点更多、数据类型更多、业务关联关系更复杂，数据的使用方式和使用者更加广泛，这些发展给电力生产、营销、服务带来机遇的同时，也给电网大数据安全带来如下风险：

1. 数据泄露风险

电力在其整个"发、输、变、调、配、用"的周期中，每个环节、每个瞬间都在产生海量的数据，如在电网运行过程中通过各类传感器实时或定期获取设备状态信息，仅涵盖主网设备的情况数量级可以达到 TB 级。配网设备数据量更大，种类繁多，随着配网设备逐步集成到设备生产管理系统，数据规模将达到 PB 级。在营销领域目前仅用电信息采集一项，每年新增数据约 90TB，客户服务数据全年预增 7TB。这些数据均可极大促进电网智能感知、内部管控能力以及用户服务效率提升，但如果数据提供者对数据的采集、传输、存储、处理、使用过程中无法实施有效的控制，那么可能造成海量敏感数据泄露。例如，有些收集数据的本地收集终端还留存有数据，缺乏对留存数据的安全保护机制。本地智能终端与后台服务器之间缺乏数据传输安全机制，采集系统缺乏身份验证、权限管理、加密、完整性校验等安全机制等都会造成数据破坏或泄露。一旦大数据被篡改、泄露，将会对电力生产、经营管理、用户服务造成极大的影响。

2. 网络攻击风险

电力作为各个国家关键基础设施，一旦发生网络战争必然成为网络攻击的首选目标，那么，电力大数据好比是一座"金矿"，有人想从中"淘金"，有人想往其中灌"沙子"，这使大数据成为一个可利用又可攻击的载体，一些黑客将恶意软件和病毒代码隐藏在其中，达到攻击并篡改、窃取数据目的，最典型的就是 APT 攻击。通过攻击获取电力大数据价值信息，可以分析出攻击目标所在地的用电分布、关键信息基础设施的位置，篡改关键节点监测预警信息、操作指令等关键数据，造成电力系统故障或重大安全事故。同时，电网是公用事业企业，服务于社会大众，如涉及客户的大数据保护不当被攻击，如用户电量、电话号码、家庭地址等敏感信息被泄露，均会对社会公众安全产生负面影响。

3. 安全管理风险

数据安全管理问题，是我国应用大数据面临的最突出风险。虽然将海量数据集中存储，方便了数据分析和处理，但由于安全管理不当所造成的大数据丢失和损坏，则将引发毁灭性的灾难。由于新技术和新业务发展，对隐私权的侵犯已经不再需要物理的、强制性的侵入，而是通过各类数据更加微妙的方式广泛衍生，由此所引发的数据风险和隐私风险，也将更为严重。2016 年，某电网在推行网上增值业务的时候，第三方服务公司通过地方供电所提供的信息，开展业务代办服务，间接实现了信息收集，导致大规模数据泄露事件发生。而数据安全管理机制和信息监管的缺乏，导致数据所有者无法明确在信息记录的后台，有谁记录了信息，下载了数据，使从收集到生产、分析、发布等各个环节都没有数据隐私保护，电网用户的信息安全受到了极大的危害。

9.2 电网安全技术

智能电网的安全问题主要包括物理、网络、信息安全及备份恢复等部分的安全保护。

9.2.1 设备安全相关技术

1. 智能电表

智能电表采取 DSP + MCU 的主要结构，以谐波电能计量为理论基础，凭借构建高级量测体系（AMI）、通过自动抄表系统集成可以实时向用户提供电网信息的精制仪器。它既能显示电量，也可以显示用户的详细用电信息，当前费率，指导用户理性用电。

2. 广域测量系统（WAMS）

广域测量系统是基于同步相量测量技术和现代通信技术，对地域广阔的电力系统运行状态进行监测、分析，为电力系统实时运行和控制服务的系统。广域测量系统是基于 PMU 实现对整个电力系统动态信息的实时监测，主要包括数据采集、数据集中、数据传输和数据分析处理 4 个功能，分为 3 层，分别是数据采集层、数据集中层和数据应用层。WAMS 的电网参数取自 SCADA 系统电网参数数据库，安全问题在于 SCADA 系统的数据上传会存在一定的时间滞后，因此 WAMS 系统所使用的拓扑信息会在滞后的这段时间产生错误，此外 SCADA 系统采集开关量需要额外的传输时间以及开关触点问题存在会导致一定的差错概率，且当电网拓扑结构改变时，WAMS 可能会丧失对电网的完全可观测能力。

3. 电网设备的在线监测

在线监测技术现阶段主要分变压器、电容型设备、氧化锌避雷器、开关类设备、气体绝缘金属封闭开关设备（GIS）和综合等六项技术。它在变电站的应用最广该技术包括电气量以及非电气量的监测。电气量监测主要通过监测电网设备的电流、电压、相角、频率、功率参数等运行状态量；非电气量监测则包括监测电网设备中的介质的压力、流量、气体成分、温度等。

9.2.2 系统认证安全相关技术

现代系统认证技术是基于传统签名和加密技术的更安全、更有效的技术，包括身份认证技术和访问控制技术。

1. 身份认证技术

身份认证技术主要通过对于接入的用户进行身份认证来保证接入的可靠性和安全性，其主要分为两大类：基于实体的身份认证和基于密码学的身份认证。此外，还包括利用消息认证、可追踪性和数据保密等方案对用户的隐私进行保护。基于实体身份认证主要有口令认证、动态口令认证、智能卡认证和生物特征认证等。基于密码学的身份认证技术主要有加密技术、公钥基础设施技术等。

2. 访问控制技术

访问控制技术有很多，包括自主访问控制（DAC）、强制访问控制（MAC）和基于角色的访问控制（RBAC）。这些访问技术都是通过访问控制表、访问控制矩阵、访问控制能力列表、访问控制安全标签列表等实现的。建立访问控制模型和实现访问控制都是抽象、复杂的行为，实现访问控制不仅要保证授权用户使用的权限与其所拥有的权限对应，制止非授权用户的非授权行为，还要保证敏感信息的交叉感染，这些都是该技术需要解决的问题。

9.2.3 通信安全相关技术

电力通信网随着现代通信技术中光纤通信、数字微波通信以及卫星通信的出现与发现，正朝着体系完整、功能齐全的方向发展。在电力通信网中，要实现与用户之间高速、实时、集成的双向互动，最重要的就是基于现代通信技术的信息技术。所以关于电力系统中的通信

电网大数据处理技术

安全问题重点也就是数据信息安全。智能电网中的数据安全有两层含义：首先是传输数据本身的安全，对传输数据进行保护时采用密码技术。例如数据加密、数据完整性保护、双向强身份认证等。其次是数据信息采集安全、数据信息传输安全以及数据信息处理安全。

1. 数据信息采集安全

信息采集技术是指利用计算机软件技术、无线传感器、短距离超宽带及射频识别技术等，针对定制的目标数据源，实时进行信息采集、抽取、挖掘、处理，将非结构化的信息从大量的网页中抽取出来保存到结构化的数据库中，从而为各种信息服务系统提供数据输入的整个过程。在采集信息的过程中，最常用到的是 ZigBee 技术，它在 MAC 层、网络层和应用层都有相应的安全措施。

2. 信息传输安全

（1）无线网络的安全：主要依靠 Wi－Fi 保证接入（WPA）、802.11、802.11i 协议、通过无线安全传输层的协议来保证。

（2）有线网络传输的安全：有线网络安全主要依靠防火墙基础、虚拟专用网络技术（VPN）、公钥基础设施（PKI）和安全套接层（SSL）来保证。

（3）移动通信网络传输的安全：移动通信网络主要包括 GSM 网络和3GPP 网络。在 GSM 网络和3GPP 网络中，用户端的身份认证和密钥分配功能分别由移动用户个人身份识别模块 SIM 和 USIM 卡来实现。在 GSM 网络中采用的是"提问—回答"式认证机制，不管是移动台主叫或者被叫都有认证过程。它采用多址技术、数字调制技术、语音编码技术、信道编码技术、交织技术等基于 GSM 网络的分布式数据采集系统组成，并着重分析了系统的信息安全问题。通过采用加密算法和口令信息，进一步地提高了系统的安全性能。在3GPP 网络中，终端和网络使用认证与密钥协商协议（AKA）进行双向认证，同时还引入了加密算法协商机制，加强消息在网络内的传送安全。

9.2.4　其他安全技术

针对智能电网的安全问题，除了上述技术外，还有防火墙技术、防病毒技术、入侵检测技术、数据聚合技术、虚拟专用网技术等。每个技术都是针对智能电网存在的安全隐患的各个薄弱环节提出的，有效地抵制了外来入侵者的不法攻击，保障了智能电网的安全。

9.3　电网用户信息隐私保护

国家电网公司的各类信息系统存储的海量数据中包含了大量的用户隐私信息，数据如果泄露会对公司的正常运营造成严重影响，数据库加密技术及数据脱敏技术常被用于电网公司的用户信息隐私保护，通过加密和脱敏技术，保障用户隐私信息在数据交换共享、测试开发、对外发布等场景中的安全使用。

9.3.1　数据库加密技术

数据库加密技术是通过对数据进行加密，将数据以密文的方式存储，即使系统被入侵，访问的也是加密后的数据。在数据库加密过程中，需要选择加密算法、加密粒度以及加密的实现方式。

1. 数据库加密算法

加密算法是数据库加密的核心，加密算法的选择决定着数据加密的性能和安全。通常来说，加密算法有对称算法和非对称算法。数据加密关系可以表示如下：

$$C = E_K(P), \tag{9.1}$$

$$P = D_{K_1}(C). \tag{9.2}$$

其中，P 是明文数据，C 是密文数据，K 是密钥，E_K 是使用密钥 K 的加密函数，D_{K_1} 是使用密钥 K_1 的解密函数。对称密钥算法中 $K = K_1$，而非对称密钥算法中 $K \neq K_1$。

（1）对称算法：对称算法中数据库加密和解密的密钥是相同的，发送者通过加密算法对数据进行加密，接收方需要采用加密时的密钥对数据进行解密方能得到原始数据，如图 9-1 所示。

对称密钥的算法主要有两种：分组密码和序列密码。分组密码是将数据分成数据块，再对每个数据块进行加密。序列密码是在数据读

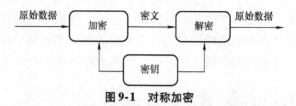

图 9-1 对称加密

取过程中，对数据按位进行加密。常用的对称加密算法有：AES 和 DES。DES 是旧版数据加密标准，AES 是美国国家标准技术研究所（NIST）制定的 21 世纪的加密标准。由于 DES 目前已经不被视为一种安全的加密算法，现在常用的标准为 AES（Rijndael 算法）。Rijndael 算法是一种可变数据块长和可变密码长的迭代分组加密算法。数据块按照 $a_{(0,0)}$，$a_{(0,1)}$，$a_{(0,2)}$，$a_{(0,3)}$，…的顺序映射为状态中的字节，算法结果如图 9-2 所示。在加密操作结束时，密文按照同样的顺序从状态中抽取。

$a_{(0,0)}$	$a_{(0,1)}$	$a_{(0,2)}$	$a_{(0,3)}$	$a_{(0,4)}$	$a_{(0,5)}$
$a_{(1,0)}$	$a_{(1,1)}$	$a_{(1,2)}$	$a_{(1,3)}$	$a_{(1,4)}$	$a_{(1,5)}$
$a_{(2,0)}$	$a_{(2,1)}$	$a_{(2,2)}$	$a_{(2,3)}$	$a_{(2,4)}$	$a_{(2,5)}$
$a_{(3,0)}$	$a_{(3,1)}$	$a_{(3,2)}$	$a_{(3,3)}$	$a_{(3,4)}$	$a_{(3,5)}$

图 9-2 Rijndael 算法结果

（2）非对称算法：非对称算法中加密和解密两个部分使用不同但是匹配的公钥和私钥。使用过程中，发送方要先获得接收方的公钥，用接收方的公钥对数据进行加密，接收方可用自己的私钥解密数据，接收方是唯一知道自己私钥的人。算法流程如图 9-3 所示。

图 9-3 非对称加密

常用的非对称算法有 RSA 算法和 SM2 算法，RSA 算法利用了大素数的乘积难以因式分解的性质，是目前公认的优秀公钥方案之一，而 SM2 算法是由我国自主研发的基于椭圆曲线密码算法的公钥密码算法，它基于椭圆曲线离散对数问题，计算复杂度高，算法速度可能较慢，但是安全性更高。

2. 数据库加密粒度

加密粒度是指对数据库加密的最小单位，可分别以文件、记录、字段和数据项作为加密的基本单位。加密粒度的选择影响到对数据的使用效率。

基于文件的加密将数据库文件作为整体，对整个数据库文件进行加密。这种加密方式比较简单，但是对每一条数据进行访问都要对整个表进行解密，效率较低。基于记录进行加密是对表中每一条数据进行加密，适合记录较少的情况。基于字段加密是对数据库中的每个属性列进行加密，如果想要对某一属性进行加密适合采用该粒度。基于数据项的加密是对记录中每个数据项进行加密，数据项是数据库中的最小粒度，这种加密方式很灵活，但是要生成大量密钥，密钥管理相对复杂。

3. 数据库加密实现机制

数据库加密可以考虑在数据库管理系统（DBMS）内层加密和外层加密。DBMS 内层加密是指在数据存取前完成加解密工作，该机制对用户是透明的，加解密过程均在数据库系统服务器端完成，这种方法加密功能强，但密钥和数据存储在同一服务器上，降低了安全性，同时数据库服务器的负载会比较重。DBMS 外层加密是单独设置加密服务器，加密功能独立于数据库系统存在，减轻了数据库服务器的负担，提升了数据的安全性，但是对加密后数据库的功能性有一定限制。

9.3.2　数据脱敏技术

1. 数据脱敏的内涵

数据脱敏是指根据设定的数据脱敏策略，对业务数据中存在的敏感信息实施变形，以实现对数据中的敏感信息进行隐藏。数据脱敏的内涵是借助数据脱敏技术，屏蔽数据中的敏感信息，以达到被屏蔽的数据还保留其原始数据格式和属性的要求，确保应用程序在对脱敏数据的开发与测试过程中正常运行。

2. 技术内容

数据脱敏技术主要包含去除标识信息、假名替换、降低数据精度、数据聚合等方面。

（1）去除标识信息：从数据中去除能够识别个体的明显标识变量，如个体的姓名、地址等。即使原始隐私数据去除了标识符，其仍有很大可能识别其中的个体，被处理过的数据仍然存在个体层面的信息，潜在的标识信息仍然存在于被去除标识信息的数据中。

（2）假名替换：用人工标识符或者假名替换数据库中的标识性字段，如用引用性编码或假名替代姓名等标识符。应用编造假名可以在保持数据原始可用性的同时，降低数据中个体的可标识性，有利于数据共享。若关联其他仍包含个人标识隐私信息的数据，通过假名替换处理过的数据仍存在一定程度泄露隐私的风险。

（3）降低数据精度：降低数据集中个人标识数值的精度，如出生日期或年龄用年龄区间代替，工资值用工资区间代替。应当注意的是，若区间设置不合理，则存在通过小区间和统计分析方法识别个体的风险，造成隐私泄露。进而，可通过用随机值或者添加随机噪音的方法降低数据精度，同时保持数据的统计特征。

（4）数据聚合：将原始数据中的个人信息数据聚合起来提供群组信息或总体信息。个人信息的群组分组越大、含有个人特定信息越少的数据，群组中的个体被识别出的可能性就越小。

（5）匿名技术：对数据集用加密或者剔除个人标识信息的方法使得数据集中的个人保持匿名。常用的匿名技术有 $k-$ 匿名算法、$l-$ 多样性匿名算法。

（6）差分隐私：设有随机算法 M，PM 为 M 所有可能的设计构成的集合。对于任意两个邻近数据集 D 和 D' 以及 PM 的任何子集 SM，若算法 M 满足 $\Pr\left[M(\mathrm{D})\in\mathrm{SM}\right]\leqslant\exp\left(\varepsilon\right)\times\Pr\left[M(D')\in\mathrm{SM}\right]$，则称算法 M 提供 $\varepsilon-$ 差分隐私保护，其中 ε 称为隐私保护预算。差分隐私算法能够为隐私保护提供理论化的数学模型，可以将隐私泄露风险降低到可控范围内，被认为是最具有应用前景的数据脱敏保护方法。

3. 评估标准

数据脱敏的难点在于保持数据的完整性。以屏蔽非生产环境数据中敏感数据为基础，实现对生产数据进行抽取变形处理，保证变形后的数据保持原生产数据属性和数据间的依赖关系，确保数据能够真实反映生产数据和生产环境的运行情况。针对测试需求及数据分析等大数据量的数据调用工作，需要具有针对性，能够批量、自动化和智能化的工具，稳定、高效地完成数据脱敏工作。对数据脱敏技术进行评估，主要可以从敏感信息去除程度、数据缺损程度、计算开销、通信开销等方面考虑。

（1）敏感信息去除程度：敏感信息的去除程度是相对于原始数据而言的，例如对客户身份证号后四位进行随机替换（371325199209026156脱敏后为371325199209022516），则脱敏后仍然保留了具有敏感信息的地区和生日信息，如果进行全部位进行替换（371325199209026156脱敏后为500601199705023416），则敏感信息全部去除。

（2）数据缺损程度：数据缺损程度是对脱敏后数据质量的度量，经过数据脱敏操作后数据的信息丢失来反映。信息丢失越多，数据缺损程度越高，数据利用率越低。例如对身份证号中间生日段用 * 替换（371325199209026156脱敏后为502502 * * * * * * * *6156），数据缺损程度较高。

（3）计算开销：计算开销主要是通过时间和空间复杂度评估，与硬件和软件环境有关。一般来说计算开销越小越好，加、解密算法对计算开销消耗大，数据失真/干扰技术对计算消耗小。

（4）通信开销：在保障通信安全的情况下，通信开销越小越好。不同算法评估对比结果见表9-1。

表9-1　脱敏算法评估对比结果

对比技术	敏感信息去除程度	数据缺损程度	计算开销	通信开销	综合对比
基于数据失真/扰乱技术	中	高	低	低	高
基于数据加密技术	高	低	高	高	低
数据匿名化技术	高	中	中	低	中

9.3.3 电网大数据脱敏方案

1. 总体逻辑架构

电网大数据脱敏方案逻辑架构从低到高分别为数据存储层、数据服务引擎层、业务引擎层、流程管理层、逻辑界面层和物理界面层，如图 9-4 所示。

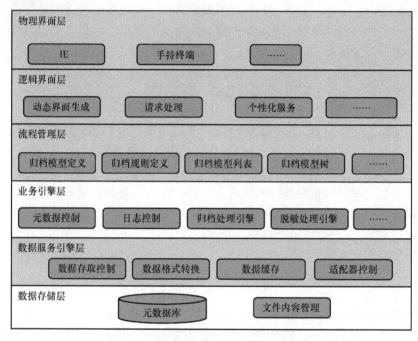

图 9-4 电网大数据脱敏方案逻辑架构图

系统架构采用分层模式，各层分离设计，确保数据处理过程中的性能和容量可按需扩展，实现集群化处理，适应海量化隐私敏感数据的脱敏需求，为企业构建一个统一的数据脱敏管理平台，支持各种业务和数据库的脱敏服务。同时，通过协议优化，以提高数据处理速度。在各层设计中，数据存储层主要面向元数据库和文件内容管理，可以对各个业务系统的数据进行分离式的对接；数据服务引擎层包括数据存取控制、数据格式转换、数据缓存、适配器控制，针对数据进行预处理，对数据脱敏进行加速；业务引擎层包括元数据控制、日志控制、归档处理引擎、脱敏处理引擎等，是整个脱敏系统的核心，负责对隐私敏感数据进行脱敏处理，脱敏规则可以进行插件化管理、应用，也可以根据实际脱敏需求进行更新。流程管理层主要包括归档模型定义、归档规则定义、归档模型列表、归档模型树，对脱敏后的数据进行按需归档。逻辑界面层包括动态界面生成、请求处理、个性化服务，是系统的用户接口，为用户提供便捷的使用接口。

2. 技术架构

（1）脱敏流程：数据脱敏方案从实际生产系统和备份数据库中直接抽取原始数据，通过统一接口进行数据读取，然后通过平台核心模块对抽取数据按照脱敏需求进行子集抽取，对目标子集数据进行脱敏处理，并将脱敏后的数据按照实际业务需求归档，最后分发到目标系统中，如测试、开放、共享和交易，其流程如图 9-5 所示。

图 9-5　数据脱敏方案流程图

（2）技术展示：数据脱敏方案中综合了移动、代替、屏蔽、归零、加密、解密及自定义脱敏算法等多项数据脱敏技术和算法，能够保持业务关联关系，在数据识别、抽取、脱敏过程中不破坏数据的业务关联，不同数据库中的相同数据通过归档，保证脱敏后一致且跨库关联性不破坏。该方案还适用于常见敏感字段的专用内置内容和规则，例如名称、地址、社会保险号码（社保编号）、信用卡号以及电话号码，其技术展示如图9-6所示。

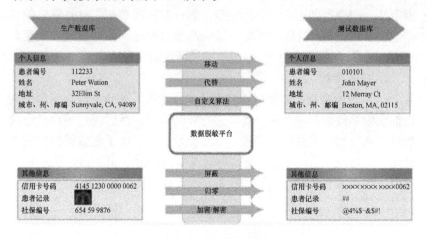

图9-6 技术展示图

参 考 文 献

［1］中国电子技术标准化研究院，全国信息技术标准化技术委员会大数据标准工作组. 大数据标准化白皮书（2018 版）［R］. 2018.

［2］中国信息通信研究院. 大数据白皮书 2018［R］. 2018.

［3］王广政. 电力大数据与智能电网的发展［J］. 电力系统装备，2019（22）：55－56.

［4］党芳芳，梅林，高峰，等. 基于全生命周期管理的电力企业数据治理技术研究［J］，电力大数据，2019（3）：66－70.

［5］戴波，钱仲文，张旭东. 电力大数据全生命周期管理与技术［M］. 北京：科学出版社，2020.

［6］王林童，赵腾，张焰，等. 配电网大数据多源集成及存储优化方法［J］. 高电压技术，2018（4）：1131－1139.

［7］张东霞，苗新，刘丽平，等. 智能电网大数据技术发展研究［J］. 中国电机工程学报，2015，35（1）：2－12.

［8］尹军. 大数据技术在电力通信网的研究与应用［J］. 科技资讯，2019（22）：31－33.

［9］陈璟. 面向智能电网的用电信息采集系统通信技术研究［J］. 科技经济导刊，2019（11）：30－32.

［10］孙超，王永贵，常夏勤，等. 面向电力大数据的异构数据混合采集系统［J］. 计算机系统应用，2018（12）：62－28.

［11］王丽霞，李伟，李广野，等. 基于区块链的电网全业务数据分布式存储应用［J］. 信息技术，2019（1）：151－156，162.

［12］杜红军，李巍，张文杰，等. 基于云计算技术的电力大数据分布式检索系统. 电网与清洁能源［J］. 2018（9）：19－24.

［13］赵春晖，吴志力，姜欣，等. 跨平台电网规划数据融合与存储模式［J］. 电力建设，2015（3）：119－122.

［14］王红霞，王波，陈红坤，等. 电力数据融合：基本概念、抽象化结构、关键技术和应用场景［J］. 供用电，2020（4）：24－32.

［15］王渊，彭晨辉，王志强，等. 知识图谱在电网全业务统一数据中心的应用［J］. 计算机工程与应用，2019（15）：104－109.

［16］韩爽，蒲宝明，李顺喜，等. 区块链技术在数字资产安全交易中的应用［J］. 计算机系统应用，2018（3）：205－209.

[17] THOMAS J J, COOK C A. Illuminating the Path：The Research and Development Agenda for Visual Analytics ［J］. Los Alamitos：IEEE Computer Society, 2005：1 - 180.

[18] 任磊，杜一，马帅，等. 大数据可视分析综述 ［J］. 软件学报，2014，25 (9)：1909 - 1936.

[19] 杨应喻，徐天奇，徐丽，等. 智能电网中的安全性研究综述 ［J］. 2017，(1)：112 - 114.

[20] 邱上进. 电力大数据安全体系架构研究与应用 ［J］. 今日自动化，2019 (2)：36 - 37.

[21] 叶水勇. 数字脱敏技术的研究与发现 ［J］. 电力信息与通信技术，2019 (17)：23 - 27.

[22] 卞超轶，朱少敏，周涛. 一种基于保形加密的大数据脱敏系统实现及评估 ［J］. 电信科学，2017，33 (3)：119 - 125.

[23] 冉冉，李峰，王欣柳，等. 一种面向隐私保护的电力大数据脱敏方案及其应用研究 ［J］. 网络空间安全，2018，9 (1)：105 - 112.